Mohammed Adefa Seid

Utilizações de plantas medicinais e sistemas de gestão no distrito de Chencha

AF671781

Mohammed Adefa Seid

Utilizações de plantas medicinais e sistemas de gestão no distrito de Chencha

Um inquérito sobre sistemas medicinais tradicionais e diversidade de plantas medicinais no distrito de Chencha, Gamo Gofa, Etiópia

ScienciaScripts

Imprint
Any brand names and product names mentioned in this book are subject to trademark, brand or patent protection and are trademarks or registered trademarks of their respective holders. The use of brand names, product names, common names, trade names, product descriptions etc. even without a particular marking in this work is in no way to be construed to mean that such names may be regarded as unrestricted in respect of trademark and brand protection legislation and could thus be used by anyone.

Cover image: www.ingimage.com

This book is a translation from the original published under ISBN 978-620-2-07517-6.

Publisher:
Sciencia Scripts
is a trademark of
Dodo Books Indian Ocean Ltd. and OmniScriptum S.R.L publishing group

120 High Road, East Finchley, London, N2 9ED, United Kingdom
Str. Armeneasca 28/1, office 1, Chisinau MD-2012, Republic of Moldova, Europe
Printed at: see last page
ISBN: 978-620-7-90589-8

Copyright © Mohammed Adefa Seid
Copyright © 2024 Dodo Books Indian Ocean Ltd. and OmniScriptum S.R.L publishing group

ÍNDICE DE CONTEÚDOS

RECONHECIMENTO

Os meus sinceros agradecimentos são dirigidos aos informadores locais pela colaboração geral que nos deram e pela partilha dos seus incríveis conhecimentos no decurso da investigação. Estou igualmente grato aos órgãos governamentais distritais e aos funcionários agrícolas pela sua ajuda na redação de cartas de apoio para as aldeias de amostragem seleccionadas e pela sua orientação geral. Da mesma forma, agradeço calorosamente à Universidade de Arba Minch por ter fornecido apoio financeiro para a realização do projeto.

ACRÓNIMOS

EC...Ethiopian Calendar

GPS.. Geographical Positioning System

IBPGR.. International Board of Plant Genetic Resources

IK.. Indigenous Knowledge

NBSAP...National Biodiversity Strategies and Action Plan

NGOs..Non-Governmental Organizations

WHO...World Health Organization

URTI...Upper Respiratory Tract Infection

USAID...United States Aid for International Development

RESUMO

Desde tempos imemoriais, as plantas foram utilizadas para múltiplos usos socioculturais e económicos. A utilização medicinal é um dos serviços que as plantas prestam ao bem-estar humano. A prática da medicina tradicional é comum na Etiópia, embora não esteja totalmente estudada e documentada. Assim, o objetivo deste estudo é realizar um levantamento etnobotânico das plantas medicinais utilizadas para o tratamento de problemas de saúde humana e animal no distrito de Chencha. Por essa razão, foi utilizado um estudo transversal e uma técnica de amostragem sistemática para selecionar potenciais áreas de amostragem (locais) e informadores (praticantes de medicina) entre 2012 e 2013. No total, foram seleccionados 9 locais de amostragem e um total de 17 agregados familiares foram seleccionados e entrevistados. Os dados etnobotânicos foram recolhidos através de entrevista semiestruturada, discussão em grupo e observação de campo, e analisados através de estatísticas descritivas, coeficiente de correlação de Pearson, consenso dos informadores e índice de nível de fidelidade. Descobriu-se um total de 89 espécies de plantas medicinais, utilizadas para tratar problemas de saúde humana e animal. Destas, cerca de 42 espécies (47%) são colhidas apenas *ex-situ*, enquanto 19 espécies (21%) são colhidas *in-situ,* e as restantes 28 espécies (32%) são colhidas tanto *in-situ* como *ex-situ.* Por outro lado, cerca de 64 espécies (72%) são ervas, 16 espécies (18%) arbustos, 8 espécies (9%) árvores e 1 espécie suculenta. No que diz respeito às partes das plantas, as folhas partilham a maior proporção com 44%, seguidas das raízes com 16%. Entre os vários remédios, as formas de mistura representam 30%, seguidas da infusão (21%). A maioria dos remédios vegetais (67%) é administrada por via oral, seguida da via dérmica (25%) e da via nasal (8%). Por outro lado, o fator de consenso médio dos informadores calculado *(μICF=0,64)* mostra a presença de uma elevada uniformidade intra-cultural entre os praticantes na utilização de plantas para múltiplos fins. Contudo, a análise do coeficiente de correlação de Pearson *(r= -950, p=0,05)* mostra a existência de uma correlação significativa e inversa entre a faixa etária e o conhecimento das plantas medicinais entre os informadores. De um modo geral, a comunidade local do distrito de Chencha utiliza uma grande diversidade de plantas para a manutenção do seu sistema de cuidados de saúde primários. Por isso, há que envidar esforços para integrar essa medicina alternativa na medicina moderna, de modo a explorar os conhecimentos para melhor benefício humano. Além disso, as partes interessadas devem implementar a conservação sustentável dos recursos vegetais medicinais e dos conhecimentos que lhes estão associados.

Palavras-chave: Biodiversidade, Plantas Medicinais, Conhecimento Indígena, Etnobotânica, Etnomedicina, Praticantes de Medicina Tradicional, Categorias de Uso de Plantas, Doenças.

Capítulo 1. Introdução

1.1 Antecedentes e justificação

Desde tempos imemoriais, as pessoas têm utilizado as plantas para múltiplos fins: como fontes de alimentos, medicamentos e como materiais de construção e fabrico de artesanato, ferramentas, tintas e venenos. Os relatos históricos dc plantas medicinais tradicionalmente utilizadas mostram que diferentes plantas medicinais eram utilizadas desde 5000 a 4000 a.C. na China, e desde 1600 a.C. pelos sírios, babilónios, hebreus e egípcios (Dery *et al.*, 1999). Atualmente, os constituintes químicos e genéticos das plantas estão a ser cada vez mais explorados para benefício humano (Gerique, 2006). A este respeito, estudos indicam que 25% dos medicamentos modernos são derivados de extractos de plantas medicinais (Mohammed Adefa e Berhanu Abraha, 2011). A medicina tradicional é qualquer prática de cuidados de saúde antiga e culturalmente baseada, diferente da medicina científica e comummente considerada como medicina indígena, alternativa ou popular, na sua maioria conhecimentos transmitidos oralmente pelas comunidades de diferentes culturas (Martin, 1995). A OMS (2003) definiu a medicina tradicional como "práticas de saúde, abordagens, conhecimentos e crenças que incorporam medicamentos à base de plantas, animais e minerais, terapias espirituais e técnicas manuais aplicadas para diagnosticar, tratar e prevenir a doença ou o bem-estar dos seres humanos e dos seus seres vivos". O elevado custo dos medicamentos e a incapacidade de muitos países em desenvolvimento para adquirir medicamentos modernos obrigaram as comunidades locais a procurar produtos sob a forma de plantas medicinais comprovadamente eficazes, seguros, baratos e culturalmente aceitáveis (Mohammed Adefa e Berhanu Abraha, 2011). A este respeito, mais de 75% das populações mundiais utilizam remédios vegetais para manter o seu sistema de cuidados de saúde primários (Nair e Nathan, 1998). Na maioria dos casos, grande parte dos conhecimentos sobre medicina tradicional está disponível nas comunidades rurais e é sobretudo perpetuada por palavras de boca em boca no seio das famílias e das comunidades (Dawit Abebe e Ahadu Ayehu, 1993). De facto, os povos indígenas não só têm utilizado plantas medicinais, como também desenvolveram um sistema de gestão e conservação destes recursos através de muitas práticas antigas e testadas pelo tempo, e uma consequente acumulação de conhecimentos através de uma série de observações, práticas e inovações (Cunningham, 1996).

A Etiópia é um país caracterizado por uma vasta gama de condições climáticas e ecológicas que possui uma enorme diversidade de flora e fauna, incluindo um grande número de plantas medicinais potencialmente úteis (Mohammed Adefa e Berhanu Abraha, 2011). É um dos seis países africanos onde cerca de 60% das plantas são indígenas com o seu potencial curativo (Endalew Amenu, 2007). Mais de 80% das populações dependem de remédios indígenas por inúmeras razões socioculturais e económicas (Mesfin Tadesse *et al.*, 2005). A medicina tradicional etíope é caracterizada por variações e é moldada pelas diversidades ecológicas do país, pelo contexto sociocultural e pelo desenvolvimento histórico dos diferentes grupos étnicos (Mohammed Adefa e Berhanu Abraha, 2011). Por outro lado, o crescimento alarmante da população com o aumento da procura e do consumo está a desviar os recursos de plantas medicinais do seu habitat natural. Mais importante ainda, a desflorestação, a invasão agrícola e a colheita excessiva são os principais problemas que agravam a taxa de extinção das plantas medicinais do seu habitat e a consequente perda de espécies vegetais globalmente significativas (Tesfaye Seifu *et al.*, 2006). Além disso, como em muitos outros países, o cultivo de plantas medicinais ainda não é amplamente praticado na Etiópia. Este facto agrava a escassez de espécies de plantas medicinais, o que, por sua vez, leva os curandeiros tradicionais a percorrer longas distâncias em busca de plantas medicinais do habitat selvagem (Mohammed Adefa e Berhanu Abraha, 2011).

A documentação do conhecimento das plantas medicinais ainda está incompleta, pois não houve um inventário completo das plantas medicinais tradicionalmente usadas pela população local (Kebu Balemie *et al.*, 2004). Do mesmo modo, tanto quanto é do conhecimento dos investigadores, não foi efectuada qualquer investigação etnobotânica no distrito de Chencha, embora as comunidades locais utilizem amplamente as plantas medicinais para manter o seu sistema de cuidados de saúde primários. A atual distração das plantas medicinais na Etiópia está relacionada com a falta de conhecimentos indígenas valiosos associados à utilização das plantas. Por conseguinte, a intenção deste estudo é preencher a lacuna e enriquecer o inventário limitado de plantas medicinais da Etiópia através do levantamento e documentação de plantas medicinais tradicionalmente utilizadas no distrito de Chencha, que tem formas variadas de flora, diversidade sociocultural e diferentes sistemas medicinais tradicionais de outras partes do país. Este estudo pode gerar informações valiosas sobre o estado, a diversidade e a utilização de plantas medicinais tradicionalmente utilizadas no distrito em estudo. Além disso, fornece informação de base para a administração local desenvolver uma estratégia de conservação apropriada para os recursos de plantas medicinais. Por isso, o estudo aborda questões básicas sobre a área de estudo, tais como (*z*) quais são as plantas medicinais tradicionais comuns usadas no distrito de Chencha?, (*zz*) quais são as doenças humanas e do gado mais frequentes na área de estudo?, (*zzz*) existe variação do conhecimento medicinal tradicional em relação às faixas etárias?, *(iv)* quais são as principais ameaças para as plantas medicinais e conhecimento associado, e (*v*) que estratégias de conservação são praticadas pela população local na área de estudo?

Capítulo 2. Revisão da literatura

2.1 Antecedentes históricos da etnobotânica

A etnobotânica foi definida como a disciplina que se ocupa das interacções entre as pessoas e as plantas. Há muitos aspectos da etnobotânica, incluindo as formas como as pessoas nomeiam e classificam as plantas, os valores que lhes são atribuídos, as suas utilizações e a sua gestão. É uma ciência interdisciplinar que se concentra na documentação e análise da utilização de conhecimentos, crenças e práticas indígenas relacionadas com os recursos vegetais (Cotton, 1996). O termo 'etnobotânica' foi sugerido pela primeira vez por John Harshberger em 1895 e foi definido como "o uso de plantas por povos primitivos e aborígenes" (Anderson *et al.*, 2001). Mais tarde, o termo 'Etnobotânica' foi publicado em 1896 na literatura científica e começou a ser considerado como um domínio que elucida a posição cultural das tribos que utilizavam as plantas como alimento, abrigo ou vestuário. Em 1916, Robins e os seus colaboradores começaram a introduzir algumas novas noções teóricas e metodologias relevantes para a etnobotânica em particular e para a etnobiologia em geral. Em primeiro lugar, observaram que a etnobotânica é mais do que a recolha de plantas e a anotação de nomes nativos, mas também um verdadeiro 'trabalho científico' digno de um método científico de investigação (Martin, 1995). Atualmente, tem havido um interesse cada vez maior de botânicos e antropólogos em documentar os usos potenciais das plantas utilizadas pelas sociedades indígenas (Balick e Cox, 1996).

O desenvolvimento da etnobotânica desafiou a tendência predominante nos estudos académicos do século XX de especialização disciplinar. A etnobotânica também foi construída para incluir estudos de taxonomia, nutrição, farmacognosia, fitoquímica, ecologia e biologia da conservação. Do lado das ciências sociais e humanas, a antropologia, a ciência política, a geografia, os estudos ambientais, a economia, a psicologia, a linguística e a filosofia estão entre outros (Anderson *et al.*, 2001). Os estudos etnobotânicos baseiam-se maioritariamente em métodos qualitativos (Gerique, 2006). No entanto, nos últimos anos, os investigadores têm utilizado uma abordagem muito mais ecológica, introduzindo estudos sobre a interação entre o ambiente natural e os seres humanos. Dependendo dos objectivos específicos da investigação, a recolha de dados etnobotânicos requer uma abordagem sistemática e a informação pode ser recolhida através de observações reais no terreno, entrevistas e inquéritos de mercado, etc. (Martin, 1995).

A maioria dos projectos de investigação utilizados em estudos etnobotânicos e etnoecológicos são morosos e dispendiosos. Os projectos a longo prazo permitem trabalhar com as populações locais para registar o conhecimento ecológico numa variedade de contextos, incluindo ocasiões rituais e actividades agrícolas sazonais (Gerique, 2006). Mas, por vezes, não é possível realizar um projeto a longo prazo. Neste caso, as técnicas de Avaliação Etnobotânica Rápida são conduzidas num curto espaço de tempo, sem necessidade de ferramentas dispendiosas, para simplesmente esboçar as condições locais em vez de um estudo aprofundado. Um pequeno grupo de pessoas locais é selecionado e entrevistado qualitativamente sobre uma vasta gama de tópicos de uma forma semi-estruturada, permitindo uma visão abrangente de como a comunidade actua como um todo (Martin, 1995). Devem ser recolhidas espécies representativas de plantas com flores, frutos ou ambos, para facilitar a identificação, e os espécimes devem ser prensados no campo sempre que possível. A etiqueta do herbário deve incluir o nome da instituição e do(s) coletor(es), a família, o género e a espécie do espécime, a localidade, a vegetação e o habitat, a altitude, a descrição da planta e a data de recolha.

Os dados numéricos podem ser analisados estatisticamente e permitem ao investigador verificar a credibilidade dos dados recolhidos, aumentando o rigor científico metodológico da investigação. O nível de homogeneidade (consistência) entre as informações fornecidas por diferentes informadores pode ser calculado utilizando o fator de consenso dos informadores (ICF):

$$\mathbf{ICF= (n_{ur}-n_t / n_{ur}-1)}$$

Onde, **ICF=** fator de consenso do informador, **nUr=** número de relatórios de utilização, e **nt=** número de taxa (espécies) (Leonti *et al.*, 2001).

Um valor de ICF próximo de 1 é considerado como uma indicação de elevado consenso intra-cultural, ou seja, mais curandeiros usam a mesma espécie de planta, enquanto um valor próximo de zero é considerado como uma baixa probabilidade de uso medicinal. O nível de fidelidade (FL), a percentagem de informadores que afirmam a utilização de uma determinada espécie de planta para os mesmos fins principais, pode ser calculado da seguinte forma

$$\mathbf{FL\ (\%) = (Np/N)\ X\ 100}$$

Onde Np é o número de informantes que reivindicam o uso de uma espécie de planta para um determinado fim (por exemplo, para tratar uma determinada doença) e N é o número de informantes que usam as plantas como medicamento para tratar qualquer doença (Alexiades, 1996).

2.2Conhecimentos e práticas medicinais tradicionais

A medicina tradicional é a soma total de conhecimentos, competências e práticas baseadas em crenças e experiências indígenas de diferentes culturas que são utilizadas para diagnosticar, manter e prevenir doenças físicas e mentais. Baseia-se exclusivamente na experiência prática e na observação transmitida de geração em geração, quer verbalmente quer por escrito (OMS, 2003).

A medicina tradicional constitui um mundo extremamente fascinante e atrativo sob enormes pontos de vista para uma vasta gama de utilizadores nos países em desenvolvimento e desenvolvidos. A OMS delineou uma definição de trabalho de medicina tradicional como "diversas práticas de saúde, abordagens, conhecimentos e crenças que incorporam medicamentos à base de plantas, animais e minerais, terapias espirituais, técnicas manuais e exercícios aplicados singularmente ou em combinação para manter o bem-estar e tratar, diagnosticar ou prevenir doenças" (OMS, 2003).

As terapias medicinais tradicionais podem ser classificadas como terapias medicamentosas (quando utilizam ervas medicinais, partes de animais e minerais) e como terapias não medicamentosas (quando são realizadas principalmente sem a utilização de medicamentos, como no caso da acupunctura ou das terapias manuais) (OMS, 2009). O termo medicina tradicional é por vezes substituído por outros termos como medicina complementar ou alternativa ou não-convencional.

A utilização da medicina tradicional na prevenção, diagnóstico e tratamento de uma vasta gama de doenças tem vindo a aumentar nos últimos 20 anos, tanto nos países em desenvolvimento como nos países desenvolvidos. Nos países em desenvolvimento, a medicina tradicional é considerada mais acessível e económica do que a medicina alopática (OMS, 2000). De acordo com um inquérito realizado pela USAID sobre os médicos tradicionais na África Subsariana, o número de médicos tradicionais ultrapassa o número de médicos alopáticos em cem para mil. Por conseguinte, a medicina tradicional torna-se a única fonte do sistema de cuidados de saúde, especialmente para as populações rurais e as comunidades urbanas pobres dos países africanos. Além disso, não se pode esquecer que a medicina tradicional também desempenha um papel importante nos países desenvolvidos, onde as pessoas são mais afectadas por doenças não transmissíveis. Pela sua abordagem holística da saúde, destaca também a importância da prevenção e da manutenção de um certo estilo de vida que evite os factores de risco.

2.3Plantas medicinais e derivados químicos

As plantas têm sido utilizadas pelo ser humano desde tempos imemoriais para diversos fins, incluindo o controlo e a prevenção de doenças. Provas físicas recolhidas em sepulturas do homem de Neanderthal descobertas no Iraque revelaram que a utilização de plantas medicinais na região remonta a cerca de 600 anos atrás. Pensa-se que, a partir de 5000-4000 a.C., eram utilizados vários medicamentos na maior parte da China. As plantas medicinais tradicionais eram também muito populares já em 1600 a.C. entre os sírios, os babilónios e os antigos hebreus (Dery *et al.,* 1999). As plantas medicinais são plantas que contêm ingredientes activos inerentes que tendem ou são utilizadas para curar doenças ou aliviar dores. As plantas que representam um enorme armazém de fármacos produzem mais de 10 000 compostos diferentes para se protegerem dos predadores, que também podem ser utilizados para a produção potencial de fármacos (King, 1992; Izuakor, 2005).

Muitas das plantas medicinais tradicionalmente utilizadas contêm compostos farmacêuticos activos e são utilizadas na preparação de medicamentos tradicionais e modernos (Okigbo *et al.,* 2008). Estima-se que mais de 25% das preparações farmacêuticas no mundo e mais de 50% nos EUA contêm ingredientes activos derivados de plantas (Robert e John, 1983).

Os fitoquímicos são compostos químicos formados durante os processos metabólicos normais das plantas. Estes produtos químicos são muitas vezes referidos como "metabolitos secundários" com várias classes, incluindo alcalóides, flavonóides, cumarinas, glicosídeos, gomas, polissacáridos, fenóis, taninos, terpenos e terpenóides (Okigbo *et al.,* 2009). Para além destas substâncias, as plantas contêm outros compostos químicos que podem atuar como agentes para evitar efeitos secundários indesejáveis das principais substâncias activas ou para ajudar na assimilação das principais substâncias (Anónimo, 2007). A maioria destes constituintes fitoquímicos são compostos bioactivos potentes encontrados em partes de plantas medicinais que são precursores para a síntese de medicamentos úteis (Sofowora, 1993).

Em contraste com os produtos farmacêuticos sintéticos baseados em substâncias químicas individuais, muitas plantas medicinais e aromáticas exercem os seus efeitos benéficos através da ação aditiva e sinérgica de vários compostos químicos que actuam em locais-alvo únicos ou múltiplos associados a um processo fisiológico. Estes efeitos farmacológicos sinérgicos podem ser benéficos, eliminando os efeitos secundários problemáticos associados à predominância de um único composto xenobiótico no organismo (Tyler, 1999).

2.4Consumo de plantas etnomedicinais na Etiópia

A Etiópia é um país de grande diversidade topográfica, com altitudes que variam entre 200 metros abaixo do nível do mar, na depressão de Denakil, e cerca de 4 500 metros acima do nível do mar, nas montanhas de Semen. Esta variação topográfica fez com que o país tivesse uma condição climática diversificada (tropical, subtropical e temperada), possuindo uma vegetação rica e heterogénea de espécies endémicas (Dawit Abebe e Ahadu Ayehu, 1993). Existem cerca de 213 famílias de plantas com flor na Etiópia e, destas, 92 famílias e uma família de cada gimnospérmica e fémea, são conhecidas por conterem espécies com propriedades medicinais (Edward e Zemede Asfaw, 1992). Em geral, existem cerca de 700-800 espécies de plantas utilizadas no sistema de saúde tradicional para tratar quase 300 perturbações mentais e físicas (Tilahun Teklehymanot e Mirutse Giday, 2007), a maioria das quais se crê estar confinada ao sudoeste da Etiópia.

As práticas medicinais tradicionais etíopes consistem na utilização de ervas, ventosas, sangria, cauterização, banho de vapor, cura espiritual, água benta, fixação de ossos e pequenos procedimentos cirúrgicos (Etana Tolasa, 2007). Muitos praticantes de medicina tradicional utilizam amplamente um grande número de plantas que conhecem bem (Mesfin Tadesse e Sebsebe Demissew, 1992). No entanto, muitos são menos cooperantes em mostrar os seus conhecimentos e capacidades tradicionais a outros. Este facto fez com que os conhecimentos e competências sobre plantas medicinais tradicionais e medicina tradicional ficassem mais escondidos e menos disponíveis para o público (Abbink, 1995).

A longa história da utilização de plantas medicinais na Etiópia pode ser confirmada pela recente coleção de manuscritos médico-religiosos do reino Axumite (Fassil Kebebew, 2001). Embora os médicos tradicionais sejam a melhor fonte de informação sobre o conhecimento das plantas medicinais, é difícil obter os seus conhecimentos indígenas sobre medicina tradicional. Isto deve-se ao facto de acreditarem que o seu conhecimento indígena é um segredo profissional, que só deve ser transmitido ao seu filho mais velho, quando este for mais velho (Fisseha Mesfin, 2007).

2.5Formas e preparação de remédios à base de plantas medicinais

Nos sistemas tradicionais de fitoterapia, os remédios à base de plantas são preparados de várias formas bastante padronizadas que normalmente variam com base na planta utilizada e, por vezes, na condição que está a ser tratada. Um estudo etnobotânico efectuado até agora mostrou que os métodos mais comuns de preparação de plantas medicinais são 'a simples trituração e trituração de uma determinada planta (s) e a sua homogeneização em água, que é a forma utilizada de preparação de ervas para problemas de saúde humana e animal (Mohammed Adefa e Berhanu Abraha, 2011). De um modo geral, as formas comuns de remédios à base de plantas incluem infusões (chás quentes), decocções (chás fervidos), concocção (combinação de partes de plantas de diversas plantas) e macerações (imersão a frio). Outros incluem a preparação de plantas em banhos quentes (em que o doente é mergulhado nelas ou banhado com elas), a inalação de plantas em pó (como o rapé) e a inalação de vapor de várias plantas aromáticas fervidas em água quente. A preparação de plantas medicinais pode conter vários compostos, como materiais vegetais em pó, extractos e ingredientes activos purificados isolados de materiais vegetais. Além disso, nalguns casos, podem também ser adicionados a essas preparações materiais derivados de animais ou minerais.

Os remédios vegetais são aplicados de várias formas, como por via oral, dérmica, anal, etc. A dosagem e a unidade de medida das plantas medicinais utilizadas pelos curandeiros tradicionais variam consoante o tipo de problema de saúde. Este facto mostra que a falta de precisão e de normalização constitui uma desvantagem para o reconhecimento do sistema de saúde tradicional (Kebu Balemie *et al.*, 2004).

Quadro 1: Formas comuns de remédios vegetais utilizadas pelos povos indígenas numa determinada área

Formas de preparação	**Métodos de preparação**
Infusões (chá quente)	-tipicamente utilizado para ervas delicadas, folhas e plantas frescas tenras. - é muito semelhante a fazer uma chávena de chá, basta mergulhar as partes da planta (combinação de ervas) em água quente/fervida, coberta e durante 10-15 minutos.
Decocções (chá fervido)	-preparação a partir de plantas mais resistentes e fibrosas, cascas e raízes com produtos químicos solúveis em água. -O material vegetal é cozido durante um período de tempo mais longo para amolecer o material lenhoso mais duro e libertar os seus constituintes activos.
Pomadas	-As partes da planta são simplesmente esmagadas e espremidas para extrair o sumo (ou o óleo).
Maceração (imersão a frio)	-o material vegetal fresco ou seco é simplesmente coberto com água fria e deixado de molho durante a noite.
Concocção	-partes frescas de plantas trituradas isoladamente ou com outras partes de plantas como uma mistura com uma pequena quantidade de água adicionada.
Forma de pó	-As partes da planta são secas (ou torradas) e trituradas até se transformarem em pó (ou partículas finas).
Fumigação	-Partes de plantas queimadas numa panela quente (ou queimadas) para gerar "fumo".

2.6Ameaças e conservação das plantas medicinais

Alguns estudos revelaram que a maioria das plantas medicinais utilizadas são colhidas na vegetação selvagem (Mirutse Giday, 1999). A Etiópia tem condições climáticas diversificadas que explicam a existência de cerca de 6000 espécies de plantas superiores (NBSAP, 2005), das quais se crê que cerca de 700-800 espécies são utilizadas no sistema tradicional de cuidados de saúde. A medicina tradicional etíope tem enfrentado um problema de continuidade e sustentabilidade, tal como noutras partes de África, devido à desflorestação extensiva, à urbanização e à seca que causam a perda de habitats de plantas medicinais (Kebu Balemie *et al.*, 2004). Os praticantes tradicionais de plantas medicinais são guardiões importantes do conhecimento indígena sobre a utilização de plantas medicinais. Este conhecimento e utilização de plantas medicinais está a perder-se globalmente a um ritmo mais rápido devido ao impacto da educação moderna e da urbanização (OMS, 2002).

A conservação pode ser literalmente definida como a utilização sustentável dos recursos biológicos. Assim, os conceitos de sustentabilidade são vistos como o princípio orientador para o desenvolvimento económico e social com referência aos recursos biológicos (Zemede Asfaw, 2001). O conhecimento sobre plantas medicinais pode perder-se sempre que as plantas medicinais se perdem ou quando um praticante de medicina tradicional morre sem transmitir o seu conhecimento a outros (Fisseha Mesfin, 2007). Além disso, muitas preparações medicinais utilizam raízes, caules e cascas, matando especificamente a planta durante a colheita. Esta ampla utilização da parte da raiz para doenças humanas e animais sem substituição está a afetar negativamente a disponibilidade futura das plantas.

A conservação envolve uma preservação e proteção cuidadosas através da gestão planeada de um recurso natural para evitar a exploração excessiva e a destruição dos recursos (Okigbo *et al.*, 2008). Por conseguinte, uma estratégia de conservação eficaz para as plantas medicinais deve ter lugar em quatro áreas principais: conservação *in-situ*, conservação *ex-situ*, educação e formação, e investigação e monitorização.

Conservação *in-situ*: envolve a proteção e o estabelecimento de plantas e outros recursos biológicos no local da sua ocorrência natural. A fim de garantir a representatividade das populações selvagens de espécies vulneráveis de plantas medicinais, estas são mantidas em áreas de conservação fundamentais ou noutros habitats protegidos que permitirão que os processos naturais continuem sem perturbações (Cunningham, 1996). Uma vez que só na natureza é possível conservar a longo prazo a diversidade vegetal a nível genético, das espécies e dos ecossistemas, é essencial identificar os ecossistemas com diversas espécies de plantas medicinais.

Conservação *ex-situ*: envolve o estabelecimento de plantações, a manutenção de colecções vivas em campos agrícolas, jardins domésticos, jardins botânicos e arboretos em locais fora da zona da sua ocorrência natural (Okigbo *et al.*, 2008). A essência da conservação *ex-situ* é o rápido desenvolvimento de fontes alternativas de fornecimento de plantas medicinais através do cultivo em quantidades suficientemente grandes e a um preço suficientemente baixo para competir com os preços obtidos pelos colectores de stocks de plantas medicinais selvagens (Cunningham, 1996). Isto satisfará a procura do mercado, resultando em empregos mais seguros e proporcionando menos incentivos para a recolha na natureza. Se tal não acontecer, as espécies que ocorrem naturalmente desaparecerão do meio natural, prejudicando a base de recursos medicinais locais.

Educação e formação: a conservação de plantas medicinais é, necessariamente, um projeto a longo prazo que requer o desenvolvimento de pessoal formado e um público em geral que esteja consciente das questões em jogo. A melhoria dos padrões nacionais de educação é um fator chave na questão da conservação das plantas medicinais, que só se concretizará como resultado do desenvolvimento económico das nações africanas (Cunningham, 1994). Para aumentar a consciencialização do público sobre o valor dos recursos de plantas medicinais, devem ser instituídas campanhas que promovam a importância da conservação do habitat e das plantas medicinais e que encorajem o cultivo de plantas medicinais, para grupos-alvo como comunidades rurais, decisores governamentais e empresas farmacêuticas. Os estudos e informações de investigação que identifiquem plantas medicinais ameaçadas devem ser divulgados através do IBPGR aos bancos de genes regionais. A informação relativa às propriedades tóxicas adversas das plantas medicinais deve ser difundida, em particular, junto dos praticantes de medicina tradicional e na formação em cuidados de saúde primários (Okigbo *et al.*, 2008).

Investigação e monitorização: a investigação sobre a identificação de áreas de grande diversidade biológica à macro-escala e a investigação sobre as propriedades e utilização de plantas medicinais específicas à micro-escala devem utilizar as competências complementares dos PGT e dos biólogos de conservação (Cunningham, 1994). Deve também ser iniciada uma série de discussões interactivas envolvendo os PGT, os colectores comerciais e os comerciantes baseados no mercado para descobrir a perceção da escassez de espécies, os locais de diversidade, o estado das espécies de plantas medicinais populares e os problemas e soluções percebidos (Okigbo *et al.*, 2008).

Capítulo 3. Descrições da área de estudo

Chencha é um dos 13 distritos da zona de Gamo Gofa, estado regional da SNNP, e está situado entre 37° 29' 57" e 37° 39' 36" a leste e 6^0 8' 55" e 6° 25'30" a norte. Faz fronteira com os distritos de Kucha e Boreda a norte, com o distrito de Arbamich Zuria a sul, com o distrito de Mirab-Abaya a leste e com a Dita a oeste. Atualmente, o distrito cobre uma área estimada de 373,6 km^2 e está dividido em 45 associações de camponeses rurais e 5 associações de habitantes urbanos.

O distrito é categorizado principalmente em duas zonas agro-climáticas; *Dega* (altitude elevada) cobre cerca de 44% da área com uma altitude de mais de 2300 metros acima do nível do mar e *Woinadega* (altitude média) variando de 1900-2300 metros acima do nível do mar e cobre cerca de 56% da área. De acordo com o relatório meteorológico obtido do Gabinete de Desenvolvimento Agrícola e Rural do Distrito (ARDOD), a temperatura média anual e a precipitação são de 22,5°C e 1201-1600 mm, respetivamente.

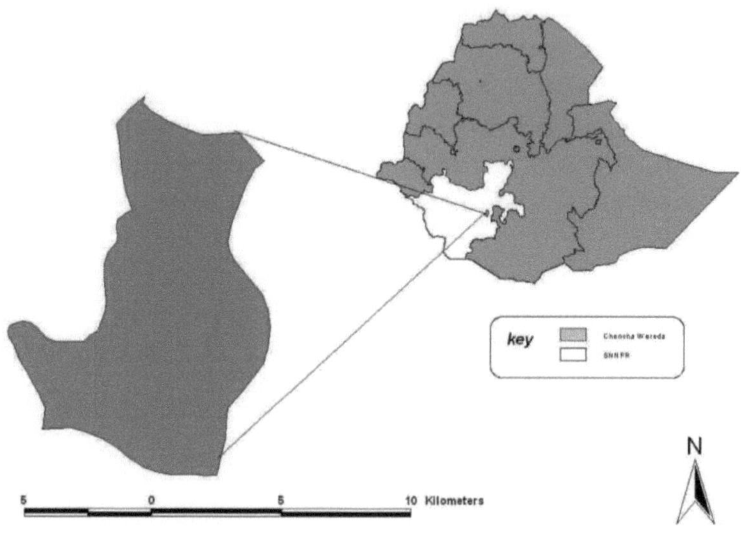

Figura 1: Mapa da zona de estudo (Fonte: Ethiogis)

De acordo com o ARDOD, a área total do distrito está estimada em 373,6 km^2 (37.360 hectares) dos quais 55,26% são terras cultivadas, 8,51% são terras de pastagem, **15,47%** estão cobertas por **florestas** e **arbustos** e 20,76% são usadas para assentamento e outros fins. A cevada, o alfinete, o trigo, o feijão e as culturas de raízes e tubérculos, como a batata, a batata-doce e outras, são as culturas dominantes na zona.

Figura 2: Utilização do solo e tipo de comunidade vegetal da aldeia de Azo na área de estudo

Capítulo 4. Materiais e métodos de investigação

4.1Conceção da investigação

Utilizou-se um inquérito transversal, ou seja, a recolha de dados num determinado momento sobre diversas variáveis com integração de uma abordagem de avaliação etnobotânica rápida, em que se utilizou uma amostra de pequena dimensão e uma área para esboçar a forma como a comunidade actua como um todo. Foi efectuado um inquérito preliminar em algumas aldeias ou os chamados "Kebeles" para esboçar o estado geral da distribuição de plantas medicinais e das práticas de utilização de plantas medicinais na área de estudo.

4.2Seleção dos locais de estudo e dos informadores

A amostragem sistemática (ou intencional) foi utilizada para a seleção dos locais de estudo e dos informadores. Primeiro, os locais de estudo dentro do distrito foram sistematicamente seleccionados de acordo com o seu estado de cobertura florestal e povoamento. Neste sentido, foram inquiridos cerca de 9 locais de amostragem de 6 aldeias viáveis (ver Quadro 2).

Quadro 2: Localização dos locais de amostragem e de recolha de plantas medicinais (NB: masl=metros acima do nível do mar, N= norte, E= leste).

Nº	**Name of sampling site**	**Location**		**Elevation (masl)**
		Latitude (N)	Longitude (E)	
1	02 Chencha	06°13'13''	037°34'01''	2559
2	03 Chencha	06°13'58''	037°34'41''	2555
3	Dorze Holo (1)	06°13'11''	037°34'04''	2564
4	Dorze Holo (2)	06°13'47''	037°34'23''	2597
5	Tegecha	06°07'02''	037°34'30''	1264
6	Dorze Ayra	06°12'34''	037°34'44''	2534
7	Azo Gule	06°21'06''	037°35'43''	2841
8	Tsida	06°16'30''	037°33'47''	2864
9	Amarana Boda	06°10'40''	037°34'35''	2317

Do mesmo modo, os potenciais informadores (praticantes de medicina) foram seleccionados sistematicamente com a ajuda dos anciãos locais e dos líderes administrativos. Como resultado, foi selecionado sistematicamente um total de 17 informadores (11 homens e 6 mulheres) com idades compreendidas entre os 19 e os 80 anos (ver Quadro 3).

4.3Recolha de dados etnobotânicos

4.3.1 Entrevista e debate

Os dados etnobotânicos foram coletados por meio de entrevistas semiestruturadas e discussão em grupo, onde foram realizadas duas visitas de campo a cada local, com base nos procedimentos recomendados por Martin (1995) e Alexiades (1996). A pesquisa foi realizada entre agosto de 2011 e agosto de 2012. A recolha de dados foi efectuada com base em itens da lista de verificação ou perguntas preparadas. Os itens incluem informações sobre a identidade pessoal do informante, problemas de saúde locais, nomes locais de plantas medicinais e parte (s) usada (s), métodos de preparação, doenças tratadas, dosagem, via de administração, efeito colateral de remédios, fontes e manejo de plantas medicinais.

Toda a entrevista e discussão com os informadores foi realizada através de contacto direto, cara a cara, entre os investigadores e os informadores. Antes de se iniciar a recolha de dados nas aldeias em estudo, foi obtida a vontade dos informadores. Isto foi feito através da sensibilização dos informadores, descrevendo o significado da investigação para a área de estudo em particular e para o país em geral.

4.3.2 Observação direta e entrevista com lista de verificação ilustrada

Os dados etnobotânicos sobre o hábito das plantas, o habitat e o estado de disponibilidade das plantas medicinais foram recolhidos no terreno através de observação direta (no terreno), entrevista no terreno e entrevista com lista de verificação ilustrada. Além disso, os informadores foram visitados duas vezes para confirmar a consistência dos dados recolhidos junto das populações locais.

4.3.3 Recolha e identificação de plantas medicinais

As plantas medicinais utilizadas pela comunidade local na área de estudo foram recolhidas em entrevistas de campo e observação direta no terreno com os informadores. Foram recolhidos espécimes representativos que possuíam partes reprodutivas e vegetativas, tanto quanto possível, para facilitar o processo de identificação. A recolha de plantas medicinais foi feita utilizando ferramentas básicas de recolha botânica, tais como ferramentas de corte (por exemplo, tesouras), sacos de polietileno para guardar e transportar plantas individuais; máquina fotográfica para captar fotografias ou imagens; cadernos para registar informações adicionais; mapa topográfico e GPS para localizar os locais de estudo, e prensa de plantas para prensar e secar espécimes de plantas para preservação num herbário. Os espécimes foram etiquetados e identificados com o nome da instituição proprietária do projeto, o nome dos colectores, o nome local e botânico da espécie, a localidade, o hábito e o habitat da espécie, a data de recolha, o número de recolha e a utilização indígena da espécie. A identificação dos espécimes foi efectuada no terreno durante a recolha e o tratamento dos espécimes vegetais. No entanto, as plantas medicinais não identificadas foram levadas para o laboratório botânico da Universidade de Arba Minch e depois transportadas para o herbário da Universidade de Adis Abeba para identificação.

4.4Procedimentos de análise de dados

4.4.1 Análise estatística

Foi utilizado um procedimento estatístico descritivo, como a percentagem e a distribuição de frequências, para analisar o hábito da planta, as partes da planta utilizadas e os métodos de preparação, as dosagens e a via de administração. Além disso, foi calculado um teste de coeficiente linear simples (correlação de Pearson) para determinar a correlação (e a significância) entre o conhecimento das plantas medicinais e as faixas etárias entre os informadores praticantes de medicina.

4.4.2 Consenso dos informadores

O nível de homogeneidade entre as informações fornecidas por diferentes informadores foi calculado utilizando o fator de consenso dos informadores (e o número de informadores que citam uma determinada espécie de planta medicinal), tal como indicado por Leonti *et al.* (2001). Para o efeito, foram utilizadas sete categorias de utilização (ver Quadro 14). Um valor do FCI próximo de 1 é considerado como uma indicação de elevado consenso intra-cultural, ou seja, mais curandeiros utilizam a mesma espécie de planta, enquanto um valor próximo de zero representa uma baixa probabilidade de semelhança na utilização de plantas por diferentes informadores.

4.4.3 Índice do Nível de Fidelidade

O nível de fidelidade (FL) é a percentagem de informantes que afirmam utilizar uma determinada espécie de planta para os mesmos fins principais ou para tratar uma doença, tal como descrito por Alexiades (1996). Assim, o FL foi calculado como FL (%) = (Np/N) X 100, onde Np é o número de informantes que afirmam o uso de uma espécie de planta para tratar uma determinada doença e N é o número de informantes que usam as plantas como medicamento para tratar qualquer doença. Assim, neste estudo, sete espécies de plantas medicinais são sistematicamente seleccionadas e o seu índice FL é analisado quanto à sua preferência pelo informador para tratar a amigdalite, a dor de estômago e a malária.

Capítulo 5. Resultados e discussão

5.1 Distribuição sócio-demográfica dos informadores

Os informadores sistematicamente amostrados e inquiridos são classificados em diferentes categorias sociais. A este respeito, um total de 17 informadores (11 homens e 6 mulheres) com idades compreendidas entre os 19 e os 80 anos foram inquiridos no decurso do estudo (ver Quadro 3). Como é habitual, a maioria dos informadores são agricultores e muito poucos exercem outras profissões privadas ou públicas. Esta diversidade de informadores seria uma boa condição para recolher dados que pudessem representar a população no seu todo.

Quadro 3: Informações sobre os antecedentes dos informadores inquiridos para o estudo

Categoria social		Número
Género/Sexo	Masculino	11
	Feminino	6
Estado civil	Casado	14
	Individual	0
	Viúva	3
Estatuto académico	Nenhum	9
	Ensino Básico	2
	Ensino secundário	5
	Ensino universitário	1
Profissão	Agricultor	14
	Pequenas empresas	1
	Funcionário público	1
	Funcionário de uma ONG	1

5.2Doenças que ocorrem com mais frequência na área de estudo

A egundo fontes da estação de saúde distrital, a pneumonia, seguida da febre tifoide, foram os problemas de saúde mais frequentes em adultos no calendário etíope de 2002 (ver Quadro 4). No entanto, um ano mais tarde, o inquérito revelou uma situação inversa, em que a febre tifoide foi a doença mais notificada, seguida da pneumonia.

Quadro 4: Doenças frequentes dos adultos em 2002 e 2003 Calendário etíope

2002		2003	
Doenças	**N.º de casos comunicados**	**Doenças**	**N.º de casos comunicados**
URTI/Pneumonia	262	Febre tifoide	1460
Febre tifoide	250	Pneumonia	637

Doença febril aguda (AFI)	342	Gastrite	255
Amebaesis	239	Amebácea/Diarreia	215
Parasitas intestinais	235	Parasitas intestinais	146
Infeção cutânea	229	Amigdalite + infeção da gengiva	145
Acidentes/lesões	227	Danos pessoais	97
Diarreia	222	Dores/doenças dos dentes	77
Gastrite	180	Artrite muscular	121
Todas as outras doenças	226	Todas as outras doenças	1460

Fonte: Estação de Saúde do Distrito de Chencha

S estudo semelhante sobre os anos 2002/03 para as doenças mais comuns em menores de cinco anos mostrou que a pneumonia obteve o maior número de notificações de casos, seguida de problemas de saúde relacionados com diarreia e amebas (ver Quadro 5).

Quadro 5: Doenças frequentes em menores de cinco anos em 2002 e 2003 Calendário etíope

Doenças	N.º de casos comunicados	Doenças	N.º de casos comunicados
Pneumonia aguda	264	Pneumonia	705
Diarreia	260	Amebaesis	250
Otite média/infeção do ouvido médio	255	URTI	118
Parasitas intestinais	247	Infeção cutânea	59
Gastroenterite	180	Ascaris	35
Todas as outras doenças	Nenhum	Todas as outras doenças	342

Fonte: Estação de Saúde do Distrito de Chencha

5.3Situação dos conhecimentos indígenas na área de estudo

O conhecimento indígena é o conhecimento, as inovações e as práticas de uma comunidade local numa determinada área. A este respeito, a população do distrito de Chencha possui conhecimentos indígenas significativos em várias dimensões. Por exemplo, têm conhecimentos profundos sobre a preparação de remédios vegetais para tratar problemas de saúde que possam ocorrer na sua localidade. Desenvolveram usos medicinais tanto de plantas como de animais para manter o seu sistema de saúde. Todos os informadores que participaram neste estudo eram ervanários e alguns deles costumavam prestar outros serviços, tais como a assistência tradicional ao parto, o serviço de desossa e a terapia espiritual.

A maioria dos praticantes adquiriu frequentemente os conhecimentos dos seus pais e familiares mais próximos. Na área de estudo, acredita-se que qualquer problema de saúde tem origem numa planta e/ou num animal. Mesmo alguns problemas de saúde são considerados incuráveis pelos medicamentos modernos, mas podem ser tratados pela medicina tradicional.

A população local também tem experiência em conhecimentos botânicos e ecológicos, como o agrupamento da vegetação com base na sua composição, altura e outras condições. Da mesma forma, a população local do distrito tem um sistema de agrupamento de solos, por exemplo, com base na cor e no teor de humidade.

5.4Espécies de plantas etnomedicinais e etnoveterinárias na área de estudo

As plantas são as principais fontes de subsistência da comunidade da área de estudo. De facto, as plantas são usadas como fonte de medicamentos, alimentos, construção, forragem e outros rendimentos financeiros. Este estudo documentou cerca de 89 espécies de plantas (ver Anexo 2) utilizadas para tratar problemas de saúde humana e animal no distrito de Chencha. A maioria das espécies foi recolhida e preservada no herbário temporário da Universidade de Arba Minch. A descoberta da utilização de um número tão grande de plantas medicinais pela população da área de estudo mostra a dependência eterna da população local das plantas medicinais tradicionais para o tratamento de problemas de saúde humana e animal. Neste estudo, a maioria das plantas medicinais foi colhida em terrenos agrícolas e hortas caseiras (ver Quadro 6). A este respeito, cerca de 42 espécies (47%) são apenas cultivadas, e 19 espécies (21%) são colhidas em habitats selvagens. Isto indica a presença de uma gestão adequada de plantas medicinais na área de estudo, que tem de ser encorajada e promovida pelas partes interessadas.

Tabela 6: Distribuição de frequência das fontes de plantas medicinais na área de estudo

Fonte	Plantas medicinais (#)	%idade
Selvagem *(In-situ)*	19	21
Cultivadas *(Ex-situ)*	42	47
Ambos	28	32
Total	89	100

Pelo contrário, Mirutse Giday (1999) e Mohammed Adefa e Berhanu Abraha (2011) relataram separadamente que a maioria das plantas medicinais nos seus estudos são frequentemente colhidas em habitats naturais (selvagens).

Por outro lado, a análise dos hábitos (ver Quadro 7) das plantas documentadas mostra que as ervas partilham a maior proporção com 64 espécies (72%), seguidas dos arbustos com 16 espécies (18%). A este respeito, Mohammed Adefa e Berhanu Abraha (2011) registaram resultados semelhantes na sua investigação no distrito de Tehuledere. No entanto, Haile Yineger e Delenasaw Yewhalaw (2007) e Ermial Lulekal *et al.* (2008) descobriram que os arbustos constituem a maior proporção de utilização medicinal, seguidos das ervas, na sua investigação etnobotânica dos distritos de Sekoru e Mana Angetu, respetivamente.

Quadro 7: Distribuição percentual das formas de crescimento das plantas medicinais registadas

Forma de crescimento	Plantas medicinais (#)	%idade
Ervas	64	72
Arbustos	16	18
Árvores	8	9
Suculentas	1	1

Total	89	100

5.5Principais doenças e deficiências tratadas com plantas medicinais

O estudo descobriu cerca de 58 problemas de saúde e problemas relacionados tratados e prevenidos pela população local, dos quais 28 problemas de saúde (48%) são tratados utilizando mais do que uma planta medicinal. Em relação a isto, a dor de estômago (dor de barriga) é a doença mais controlada, que é tratada por quase 28 espécies de plantas medicinais, seguida da febrícula e do 'mau-olhado', que são tratados por 9 espécies de plantas cada (ver Quadro 8). O tratamento da(s) doença(s) com diferentes espécies de plantas parece dever-se à ocorrência frequente da(s) doença(s) e à facilidade de acesso às plantas medicinais para tratar a(s) doença(s). O tratamento de doenças por mais do que uma única espécie foi relatado por investigadores em algumas partes da Etiópia. Por exemplo, Endalew Amenu (2007) encontrou práticas de tratamento de doenças utilizando mais do que uma espécie de planta na zona de Ejaji, em West Shoa.

Quadro 8: Lista de problemas de saúde e respetivo número de plantas medicinais utilizadas

Problemas de saúde (doenças e lesões) e outras aplicações	Med. Plantas (#)		Problemas de saúde (doenças e lesões) e outras aplicações	Med. Plantas (#)
Dor de estômago/dor	28		Repulsão de insectos	1
'EvilEye'	9		Inflamação da pele	1
Febril/Febre	9		Inchaço no rosto	1
Dermatófitos/Doenças da pele	8		Hemorróidas	1
Eczema	7		Ferver	1
Tosse/Pode ser comum, etc.	7		SIDA	1
Dor de cabeça	6		Melasma (hiperpigmentação)	1
Hepatite	6		Lesões hepáticas	1
Depressão/Ansiedade/Stress	5		Lepra	1
Amigdalite	5		Problema de nervos	1
Ferida crónica	5		Atraso na menstruação	1
Verme intestinal	4		Tifoide	1
Dor de estômago do gado	4		Supressão/ Problemas imunitários	1
Diarreia	4		Herpes zoster	1
Pedra nos rins	3		Problema de sono	1
Malária	3		Bum do estômago	1
Problema na garganta	3		Hemorragia interna	1
Pressão arterial	3		Diabetes	1
Verme de fita	3		Enrugamento da pele do pénis	1
Asma	2		Atraso no nascimento	1
Prisão de ventre	2		TB	1
Problema de digestão	2		Dor nos dentes	1

Dor nas costas	2	Expulsão de sanguessugas (gado)	1
Verruga	2	Deficiência de ferro	1
Doença ocular	2	Contração muscular	1
Hemorragia nasal	2	Vómitos	1
Giárdia	2	Infeção por vermes da pele	1
Ascaries	2	Leshmaniose cutânea	1
Repulsão de insectos	1	Menos desejo de comer	1

5.6Distribuição das plantas medicinais por grupos taxonómicos

A análise do grupo taxonómico das plantas revelou que está documentado um total de 89 espécies pertencentes a 80 géneros e 39 famílias. Por outro lado, o estudo mostrou que as espécies pertenciam a géneros diversificados. A este respeito, o género *Artemisia* tem 4 espécies, *Rumex* tem 3 espécies, e *Euphorbia, Lemon, Ocimum* e *Plantago* têm 2 espécies cada, e os restantes géneros têm uma espécie cada (ver anexo 3). No que respeita às famílias, Asteraceae partilhou a maior proporção, i.e. consistiu em 19 espécies, seguida de Lamiaceae com 10 espécies, Solanaceae e Euphorbiaceae com 5 e 4 espécies, respetivamente, e Apiaceae, Cucurbitaceae, Labiatae e Polygonaceae com 3 espécies cada, e Boraginaceae, Cruciferae, Fabaceae, Myrsinaceae, Plantaginaceae, Ranunculaceae, Rubiaceae e Verbenaceae com 2 espécies cada, e as restantes famílias com 1 espécie cada (ver Apêndice 3). Do mesmo modo, Mohammed Adefa e Berhanu Abraha (2011) descobriram que Asteraceae ocupa geralmente a maior proporção no seu estudo etnobotânico no distrito de Tehuledere, no sul de Wollo, na Etiópia.

5.7Partes de plantas utilizadas e preparação de remédios à base de plantas

A análise das partes de plantas revelou que diferentes partes de plantas foram usadas para a preparação de remédios com base nos tipos de doenças a tratar. O mais importante é que as folhas são as partes de plantas mais utilizadas, representando 44%, seguidas das raízes, que representam cerca de 16% (ver Quadro 9). Investigações anteriores noutras partes do país indicaram que as folhas e as raízes são preferencialmente utilizadas para o tratamento de vários problemas de saúde (Haile Yineger e Delenasaw Yewhalaw, 2007; Mohammed Adefa e Berhanu Abraha, 2011). Pelo contrário, Ermias Lulekal *et al.* (2008) relataram que as raízes assumem a maior proporção na preparação de remédios no distrito de Mana Angetu. De facto, o uso frequente de raízes para preparações medicinais agrava a perda de plantas medicinais do seu habitat natural. Contudo, o uso de folhas para a preparação da maioria dos remédios vegetais possivelmente reduzirá a possibilidade de perda de plantas medicinais da fonte. A perda de plantas ocorre, normalmente, quando as raízes, o caule e a casca são muito utilizados para a preparação de remédios à base de plantas medicinais e a planta-mãe também é colhida em conjunto. A este respeito, Dawit Abebe e Ahadu Ayehu (1993) referiram que a colheita de plantas envolvendo raízes, rizomas, bolbos, casca e caule tem efeitos graves na sobrevivência da planta-mãe no seu habitat.

Tabela 9: Distribuição de frequência das partes de plantas usadas para preparar remédios

Não	Parte da planta	Frequência de ocorrência	%idade
1	Folhas	59	44
2	Raízes	21	16
3	Sementes	16	12
4	Peças Arial	16	12
5	Flores	6	4
6	Partes de plantas inteiras	6	4
7	Frutos	4	3
8	Caules	4	3
9	Cascas	2	1
10	Tubérculo	1	1
Total		**135**	**100**

Por outro lado, a análise do método de preparação indicou que as partes da planta são frequentemente transformadas em diferentes formas de remédios, de acordo com o tipo de doença a ser tratada e o historial médico do paciente em questão. A este respeito, de um total de 131 preparações (ver Quadro 10 e Figura 4), a mistura é a que tem a maior percentagem, representando cerca de 30%, seguida da infusão, com uma percentagem de 21%. Apesar da existência de variações de conhecimentos sobre a preparação de remédios entre diferentes culturas, as populações locais tendem frequentemente a fazer remédios que são, até certo ponto, parecidos. A este respeito, outras investigações, incluindo Ermias Lulekal *et al.* (2008), e Mohammed Adefa e Berhanu Abraha (2011) descobriram que as formas de mistura de remédios partilham a maior proporção nos seus respectivos estudos nos distritos de Mana Angetu e Tehuledere, respetivamente. Isto deve-se ao facto de o conhecimento indígena relacionado com a utilização de plantas para a manutenção dos cuidados de saúde ser o reflexo dos tipos e da densidade da flora e da fauna encontrados numa determinada localidade e do contexto cultural da sociedade nessa área.

Quadro 10: Principais formas de preparação de remédios vegetais na área de estudo

Não	Formas de preparação	Frequência de ocorrência	%idade
1	Concocção	39	30
2	Infusões	28	21
3	Decocções	25	19
4	Pomadas	23	18
5	Macerações	9	7
6	Torrado/em pó	5	4
7	Fumigações/fumos	2	1
Total		**131**	**100**

Substâncias aditivas como a cerveja local, o café, o mel e a manteiga são frequentemente suplementadas durante a preparação de alguns remédios vegetais. A utilização de tais aditivos foi também referida noutros inquéritos realizados noutros locais da Etiópia (Endalew Amenu, 2007; Mohammed Adefa e Berhanu Abraha, 2011). Estes aditivos melhoram frequentemente o sabor e reduzem os efeitos adversos dos remédios, incluindo a possibilidade de vómitos e desconforto abdominal devido a alguns remédios mais pesados.

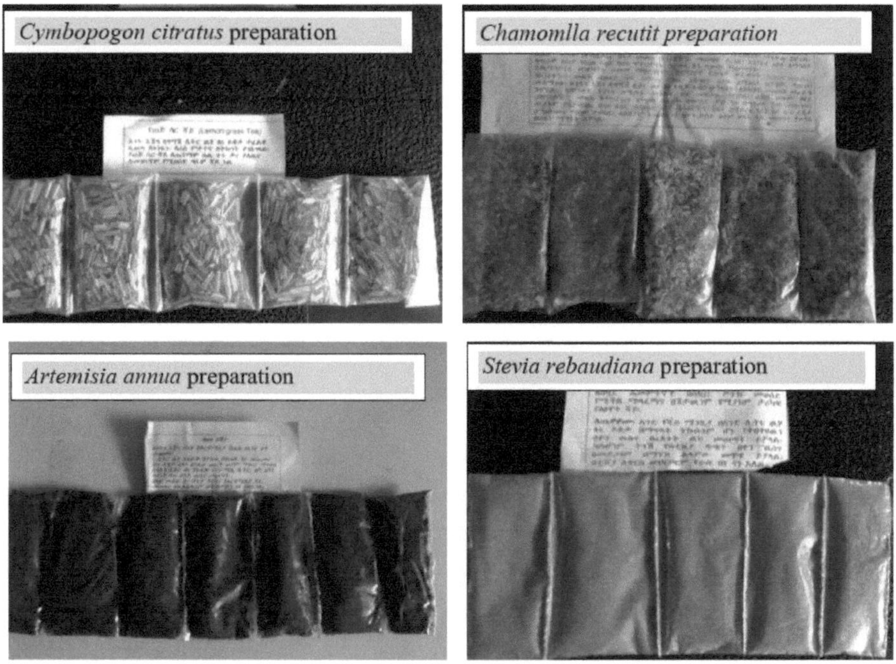

Figura 4: Exemplos de formas de preparações vegetais documentadas na área de estudo

5.8Principais vias de administração e dosagem de remédios vegetais

A análise das vias de aplicação dos remédios vegetais mostrou que os medicamentos são frequentemente administrados ao paciente através de várias vias. Mais importante ainda, a via de administração oral é predominantemente utilizada, representando cerca de 67%, seguida da via dérmica com 25% dos medicamentos (ver Figura 5). A este respeito, foram registados resultados semelhantes por Debela Hunde *et al.* (2004), Kebu Balemie *et al.* (2004), e Mohammed Adefa e Berhanu Abraha (2011).

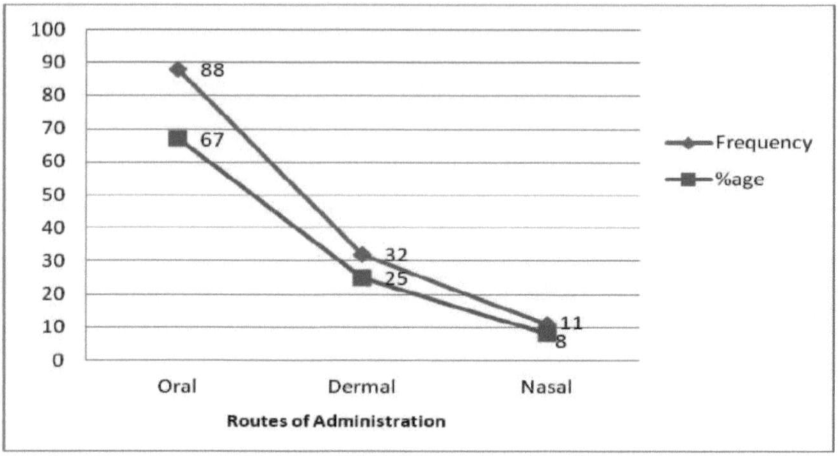

Figura 5: Distribuição de frequência das principais vias de administração de remédios vegetais

Em relação a isto, os relatórios mostraram que a via oral e dérmica de administração de remédios aumentou as reacções fisiológicas dos remédios com os agentes patogénicos que, por sua vez, aumentam o poder curativo do medicamento.

Apesar do facto de a maioria dos remédios tradicionais não ter uma dosagem padrão e quantidades apropriadas, este estudo, no entanto, mostra que a população local na área de estudo tende a determinar a dosagem e as quantidades de um número considerável de remédios vegetais. A este respeito, quase 49% das preparações estão sujeitas a ter a sua dosagem e quantidade padrão (ver Quadro 11), e de facto os restantes 51% dos remédios não têm quantidades fixas conhecidas. Do mesmo modo, Ermias Lulekal *et al.* (2008) e Mohammed Adefa e Berhanu Abraha (2011) relataram a presença de tal determinação de dosagem nos seus respectivos estudos dos distritos de Mana Angetu e Tehuledere.

Quadro 11: Distribuição da dosagem dos remédios administrados aos pacientes

Categoria		**Frequência**	**%idade**
Conhecido (determinado)	Uma chávena de chá	47	37
	Colherada	7	5
	Uma lata/jogada	5	4
	Uma mão-cheia	2	2
	Uma gota	1	1
Desconhecido (indeterminado)		64	51
Total	**126**		**100**

5.9 Variação dos conhecimentos medicinais entre os níveis de idade

Vários estudos revelaram que o conhecimento medicinal tradicional aumenta normalmente com a idade. No entanto, neste estudo, a análise do teste do coeficiente de correlação simples (Pearson) (r=-0,950) calculado com o SPSS[16,0] a partir da tabela 12 abaixo mostra que a idade e o conhecimento sobre plantas medicinais têm uma correlação inversa, ou seja, quanto maior a idade dos informadores, menor o número de plantas medicinais referidas (ver Figura 6).

Quadro 12: Número médio de plantas medicinais comunicadas em correspondência com as classes etárias

Classes de idade	**Ponto médio da idade (X)**	**Média de plantas med. comunicadas (Y)**	**XY**	**X^2**	**Y^2**
19-31	25	17.7	442.5	625	313.29
32-44	38	13	494	1444	169
45-57	51	12	612	2601	144
58-70	64	9	576	4096	81
71-80	75.5	*9*	679.5	5700.25	81
Total	**253.5**	**60.7**	**2804**	**14466.25**	**788.29**

A diminuição dos conhecimentos à medida que a idade aumenta pode dever-se à relutância e à falta de vontade de alguns inquiridos idosos em partilhar os seus conhecimentos, em comparação com os informadores mais jovens. De facto, apercebemo-nos de que os jovens eram mais livres de partilhar os seus conhecimentos do que os informadores mais velhos durante o nosso inquérito.

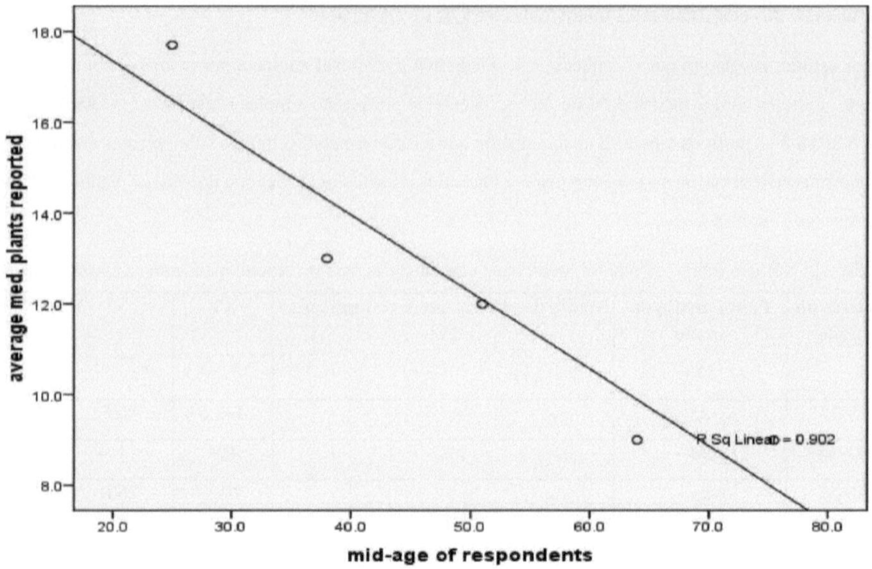

Figura 6: Distribuição em gráfico de dispersão e linha R^2 dos conhecimentos sobre plantas medicinais em função da idade

Uma análise mais aprofundada da regressão ao nível de significância de 5% reafirma que a correlação negativa entre as idades dos inquiridos (variável independente) e os conhecimentos sobre plantas medicinais (variável dependente) é significativa (ver Quadro 13).

Quadro 13: Análise de regressão dos conhecimentos sobre plantas medicinais versus idade do inquirido

Coeficientes[3]								
		Coeficientes não padronizados		Coeficientes padronizados			Intervalo de confiança de 95% para B	
Modelo		B	Erro Std.	Beta	t	Sig.	Limite inferior	Limite superior
1	(Constante)	20.732	1.736		11.941	0.001	15.207	26.257
	idade média dos inquiridos	-0.169	0.032	-0.950	-5.250	0.013	-0.272	-0.067
a. Variável Dependente: média med. Plantas comunicadas								

Pelo contrário, Mohammed Adefa e Berhanu Abraha (2011) referiram que os conhecimentos sobre plantas medicinais aumentavam com a idade, apresentando uma correlação significativa. No entanto, noutro relatório, Haile Yineger e Delenasaw Yewhalaw (2007) referiram a ausência de tal correlação entre a idade dos curandeiros tradicionais e os conhecimentos sobre plantas medicinais no distrito de Sekoru, zona de Jimma.

5.10 Principais categorias de uso de plantas e consenso dos informantes

Como foi referido acima, está documentado um total de 89 plantas com importância medicinal na área de estudo. Descobriu-se também que estas plantas têm múltiplas finalidades (categorias de uso) para além do seu valor medicinal na comunidade. Assim, com base na informação recolhida, foram definidas sete (7) categorias de uso (ver Tabela 14), nas quais foi registado um total de 416 relatórios de uso (Ur) de 89 espécies de plantas medicinais.

A análise do ICF mostrou que existe uma grande consistência (uniformidade) no consumo de plantas entre a população local nos locais de estudo. Como se pode ver no quadro abaixo, todos os valores do ICF (e também o ICF médio, que é 0,64) estão próximos de 1, mostrando a presença de homogeneidade na utilização de plantas para fins múltiplos. Assim, a categoria de utilização de mobiliário regista o valor mais elevado de ICF (0,76), seguida da categoria de utilização de forragem, com um valor de ICF de 0,70. Estas semelhanças entre as categorias de utilização são igualmente registadas por outros estudos noutras partes do país (Mohammed Adefa e Berhanu Abraha, 2011).

Quadro 14: Fator de consenso dos informadores (ICF) calculado para sete categorias de utilização

Categoria de utilização	**Espécie (#) (nt)**	**% de espécies**	**Relatórios de utilização (Ur)**	**Percentagem de relatórios de utilização**	**ICF ($n - n_{urt} / n_{ur} - l$)**
Medicinal	89	100	227	55	0.62
Alimentação	10	10	24	6	0.61
Forragem	7	8	21	5	0.70
Vedação	19	20	38	9	0.51
Lenha	23	26	63	15	0.65
Construção	10	10	25	6	0.62
Mobiliário	5	5	18	4	0.76
Média ICF					**0.64**

5.11 Índice do Nível de Fidelidade

A análise da percentagem de informadores que reivindicam a utilização de uma determinada espécie de planta para os mesmos fins principais não pode ser considerada como o único critério para atestar a eficácia das espécies de plantas. Por essa razão, por vezes, o índice de nível de fidelidade deve ser calculado para ver os valores de utilização medicinal e a preferência relativa das espécies pela comunidade local numa determinada área. Neste estudo, 7 plantas medicinais foram sistematicamente seleccionadas e analisadas quanto ao seu índice de nível de fidelidade no tratamento de 3 doenças (ver Quadro 15). Por exemplo, apesar de *Ranunculus oreophytus Del* ser referida por um número reduzido de informadores (18%), em comparação com *Acmella caulirhiza Del*, que é citada por um número relativamente maior de informadores (41%), parece que *Ranunculus oreophytus Del* (FL= 1,00) é mais preferível do que *Acmella caulirhiza Del* (FL=0,86) no tratamento da amigdalite.

Tabela 15: Índice de nível de fidelidade para espécies de plantas usadas para tratar amigdalite, dor de estômago e malária na área de estudo

Doenças	%de informadores	Espécies	Np	N	Índice de fidelidade (Np/N)
Amigdalite	41	*Acmella caulirhiza* Del.	6	7	0.86
	18	*Ranunculus oreophytus* Del.	3	3	1.00
Dor de estômago	41	*Artemisia afra* Jacq. Ex Willdv.	5	7	0.71
	12	*Rumex nervosus* Vahl.	1	2	0.50
	65	*Foenuculum vulgare*	4	11	0.36
Malária	12	*Artemisia annua*	2	2	1.00
	18	*Veronia amygdalina*	2	3	0.67

5.12 Ameaças às Plantas Medicinais e Práticas de Gestão na Área de Estudo

O inquérito revela que as potenciais ameaças às plantas medicinais na área de estudo são a desflorestação, a invasão agrícola, a seca, a exploração excessiva e o sobrepastoreio. Por conseguinte, estes factores têm a sua quota-parte na perda de diversidade de plantas medicinais da área de estudo, desde que haja também negligência e falta de sensibilização para o caso na comunidade. A presença de tais ameaças globais também é referida por outros investigadores noutras partes da Etiópia. Por exemplo, Ermias Lulekal *et al.* (2008) referiram que a desflorestação e a expansão agrícola são os factores mais ameaçadores no distrito de Mana Angetu.

No entanto, o esforço feito para conservar as plantas medicinais é bastante bom. Como já foi referido, mais de 47% das plantas medicinais documentadas são cultivadas em terrenos agrícolas ou em hortas caseiras. A este respeito, alguns povos indígenas têm tendência a conservar *ex-situ* algumas espécies de plantas muito importantes, que são especialmente utilizadas no tratamento de doenças na localidade. Os profissionais de saúde, em particular, costumam cultivar algumas plantas medicinais na sua horta caseira. Além disso, as famílias de especiarias que são utilizadas para medicina e consumo alimentar são cultivadas e conservadas em hortas e terrenos agrícolas.

Conclusão e recomendação

As medicinas tradicionais relacionadas com os recursos vegetais são comuns na Etiópia, apesar do facto de a documentação das plantas medicinais e dos conhecimentos associados não estar completa devido a um inventário etnobotânico limitado. O resultado do levantamento etnobotânico de plantas medicinais no distrito de Chencha revelou a existência de plantas medicinais e de conhecimentos sobre a sua utilização no distrito. A população local utiliza predominantemente plantas medicinais e alguns remédios derivados de animais para manter os seus cuidados de saúde primários. A maioria da população local costumava adquirir conhecimentos medicinais dos seus pais e parceiros na sua localidade.

Está documentado um total de 89 plantas medicinais utilizadas no tratamento de doenças humanas e do gado, desde que não sejam exploradas todas as aldeias do distrito. A maioria dos espécimes é recolhida e preservada na Universidade de Arba Minch, departamento de Biologia. A descoberta da utilização de uma tão grande diversidade de espécies de plantas para fins medicinais atribui a contínua dependência da população local da medicina tradicional para o seu sistema central de cuidados de saúde. A maioria das espécies de plantas registadas no distrito são utilizadas noutras partes do país, mesmo algumas espécies de plantas sendo utilizadas para tratar a mesma doença, o que pode demonstrar a sua eficácia potencial.

A maioria das espécies tem formas de crescimento herbáceo, seguidas de arbustos e árvores. As folhas, seguidas das raízes, são as partes de plantas dominantes utilizadas para a preparação da maioria dos remédios. Por outro lado, o maior número de preparações é encontrado em concocção, seguido de infusão. As maiores proporções de remédios são administradas para doenças internas por via oral, enquanto algumas infecções externas são tratadas normalmente por via dérmica (tópica). As dosagens de um número considerável de remédios são normalmente fixadas sob a forma de chávena de chá, colher de chá, etc. São comuns substâncias aditivas como o mel, a manteiga, a cerveja local e o café, que podem minimizar os vómitos e a inflamação que podem ocorrer como parte dos efeitos secundários dos remédios.

O estudo descobriu que a desflorestação, a invasão agrícola, a seca, a sobre-exploração e o sobrepastoreio são a maior ameaça às plantas medicinais e aos seus conhecimentos associados no distrito. Para além disso, a morte de algumas pessoas conhecedoras antes de passarem os seus grandes conhecimentos à nova geração é a outra ameaça existente. Talvez a prática de conservação e gestão de plantas medicinais seja bastante boa para contrariar o efeito prejudicial de factores que exacerbam a degradação de plantas medicinais dos seus habitats naturais. No fim de contas, o estudo sugere as seguintes recomendações

> O governo local deve organizar os praticantes de medicina tradicional em associações, o que tem importância social e económica para que os seus conhecimentos possam ser utilizados de forma integrada com a medicina moderna.

> O governo deve reconhecer e conceder direitos de propriedade intelectual aos curandeiros tradicionais, quer

através de certificação, quer organizando-os a nível comunitário ou distrital, o que populariza o seu conhecimento indígena e o valor de uso das plantas medicinais.

> A administração existente, as ONG e os promotores comunitários devem conceber uma estratégia de conservação holística e participativa que envolva os povos indígenas e implementá-la de modo a minimizar ou erradicar as ameaças às plantas medicinais e aos conhecimentos que lhes estão associados.

> A conservação *in-situ* e *ex-situ* de plantas medicinais deve ser praticada no distrito através da formação de praticantes de medicina modelo (agricultores) para assegurar a continuidade de plantas medicinais ameaçadas. Isto pode ser alcançado encorajando as pessoas a cultivarem plantas medicinais em jardins caseiros, terrenos agrícolas e cercas vivas, e promovendo o estabelecimento de um jardim botânico local (herbário) pelo menos a nível distrital.

> A população indígena deve ser objeto de uma educação intensiva, formal ou informal, e de uma sensibilização para a necessidade de conservação e de utilização sustentável das plantas medicinais, em particular, e das florestas, em geral.

> Devem ser efectuadas mais investigações farmacêuticas e ensaios clínicos em espécies de plantas medicinais, de modo a verificar o IK e desenvolver novos medicamentos de tipo orgânico.

Referências

Abbink, J. (1995). Plantas medicinais e rituais do sudoeste da Etiópia. Uma descrição da investigação recente. *Indigenous knowledge and development monitor,* **3:** 6-8.

Alexiades, M.N. (1996). Recolha de dados etnobotânicos: Uma introdução aos conceitos e técnicas básicas. **In:** *Selected Guidelines for Ethnobotanical Research'. A Field Manual.* The New York Botanical Garden, Bronx, Nova Iorque.

Anderson, E.N; Pearsall, D.M; Hunn, E.S e Tuner, N.J (eds.) (2001). Ethnobiology; ISBN 978-0-47054785-4 (pbk.), Wiley-Blackwell, John Wiley & Sons, Inc., Hoboken, New Jersey, Canadá.

Anónimo (2007). Medicinal, culinary and aromatic plants in the near East-Medic: *http://www.fao.org/dorep/x5402e16.htm,* acedido em março de 2009.

Balick, M.J. e Cox, P.A.R. (1996). *Plantas, pessoas e cultura: The science of Ethnobotany.* Scientific America library, Nova Iorque, EUA.

Algodão, C.M. (1996). *Ethnobotany: principle and application.* John Wiley and sons Ltd., West Sussex, Inglaterra.

Cunningham, A.B. (1994). Gestão dos recursos de plantas medicinais. AETFAT, Malawi. *An African overview proc. XIII^reunião plenária,* 1: 173-189.

Cunningham, A.B. (1996). People, park and plant use recommendations for multiple use Zones and development alternatives around Bwindi, Uganda; UNESCO, Paris. *Documento de trabalho sobre pessoas e plantas* (Walter, M. e Hoft, R., eds.), 4: 18-23.

Dawit Abebe e Ahadu Ayehu (1993). *Plantas medicinais e práticas de saúde enigmáticas do Norte da Etiópia,* BSPE, A.A, Etiópia.

Debela Hunde, Zemede Asfaw e Ensermu Kelbessa (2004). Utilização e gestão de plantas medicinais etnoveterinárias utilizadas pelos povos indígenas em "Boosat", área de Welenchiti. *Ethiop. J. Biol. Sci.,* **3 (2):** 113-132.

Dery, B.B.; Ofsynia, R. e Ngatigwa, C. (1999). *Indigenous knowledge of medicinal trees and setting priorities for their domestication in shinyanga region, Tanzania',* Nairobi, Kenya: Centro Internacional de Investigação em Agroflorestação.

Edwards, S. e Zemede Asfaw (1992). Plantas utilizadas na medicina tradicional africana praticada na Etiópia e no Uganda. *Botânica 2000, Série de Monografias da África Central e Oriental número* **5**, NAPRECA, AAU, A.A., Etiópia.

Endalew Amenu (2007). Utilização e gestão de plantas medicinais pelos povos indígenas da zona de Ejaji (Chelya Woreda), Shoa Ocidental, Etiópia: An ethnobotanical approach. Dissertação de mestrado, AAU, Etiópia.

Ermias Lulekal, Ensermu, Kelbessa, Tamirat, Bekele e Haile Yineger (2008). Um estudo etnobotânico de plantas medicinais no distrito de Mana Angetu, sudeste da Etiópia. *J. Ethnobiol and Ethnomedicine. 4* **(10):** licensee Biomed central Ltd: *http://www.ethnobiomed.Com/content/4/1/10,* acedido em março de 2012.

Etana Tolasa (2007). Utilização e conservação de plantas medicinais tradicionais por povos indígenas em Gimbi Woreda, Western Wellega, Etiópia, tese de mestrado, AAU, Etiópia.

Fassil Kebebew (2001). O estatuto e a disponibilidade de conhecimentos orais e escritos sobre cuidados de saúde tradicionais na Etiópia. **In:** *Proceeding of the National Workshop on Biodiversity Conservation and Sustainable Use of Medicinal Plants in Ethiopia,* 28 de abril-01 de maio de 1998 (Medhin Zewdu e Abebe Demissie, eds.), IBCR, AA, Etiópia.

Fisseha Mesfin (2007). Um estudo etnobotânico de plantas medicinais em Wonago Woreda, SNNPR, Etiópia. Tese de mestrado, AAU, Etiópia.

Gerique, A. (2006). *Avaliação integrativa e métodos de planeamento para uma agrofloresta sustentável em regiões húmidas e semiáridas.* Uma introdução à etnobotânica e etnoecologia; teoria e métodos. Formação científica avançada - Loja, Equador.

Haile Yineger e Delenasaw Yewhalaw (2007). Conhecimento e utilização de plantas medicinais tradicionais por curandeiros locais no distrito de Sekoru, zona de Jimma, sudoeste. *Ethiop. J. Ethnobiol. and Ethnomed.,.* **3 (24):** licenciado Biomed Central ltd.

Izuakor, T.M. (2005). *Conservação de recursos biológicos: The role of Agroforestry.* Impressoras Heritage, Nigéria.

Kebu Balemie, Ensermu Kelbessa e Zemede Asfaw (2004). Utilização, gestão e ameaças de plantas medicinais indígenas na zona de Fentalle, Shewa Oriental, *Etiópia. J. Biol. Sci.,* **3 (1):** 37-58.

King, S.R. (1992). *Conservação e investigação medicinal tropical.* Shaman pharmaceutical incorporated.

Leonti, M.; Vibrans, H.; Sticher, O. e Heinrich, M. (2001). Etnofarmacologia da população, México: uma avaliação. *J. Pharm. Pharmacol.,* **53:** 1653- 1669.

Martin, G.J. (1995). *Etnobotânica: A method manual.* Royal Botanical Garden, Chapman and Hall, Kew, Londres.

Mesfin Tadesse e Sebsebe Demissew (1992). Plantas medicinais da Etiópia. Inventário, Identificação e Classificação. **In:** *Plantas utilizadas na medicina tradicional africana praticada na Etiópia e no Uganda* (Edwards, S. e Zemede Asfaw., eds.), East Africa. *Botany 2000, No.* **5,** NAPRECA, AAU, Etiópia.

Mesfin Tadesse, Debela Hunde e Yehenew Getachew (2005). Levantamento das plantas medicinais utilizadas para tratar doenças humanas em Seka Chekorsa, Zona de Jimma, Etiópia. *Ethiop.J.Health.Sci.,* **15 (2),** 89-106.

Mirutse Giday (1999). An Ethnobotanical study of Medicinal Plants Used by Zay People in Ethiopia (Estudo etnobotânico das plantas medicinais utilizadas pelo povo Zay na Etiópia). Dissertação de mestrado, Uppsala, Suécia.

Mohammed Adefa e Berhanu Abraha (2011). Levantamento etnobotânico de plantas medicinais tradicionais no distrito de Tehuledere, South Wollo, Etiópia. *Journal of Medicinal Plants Research Vol. 5(26),* pp.6233-6242.

Nair, M. e Nathan, G. (1998). Medicinal plants: cure for the 21th century; Biodiversity, conservation and utilization of Medicinal plants: *Actas do seminário UPM,* Serdang, Malásia.

NBSAP (2005). Governo da República Democrática Federal da Etiópia. IBCR, Adis Abeba, Etiópia.

Okigbo, R.N.; Anuagas, C.L e Amadi, J.E. (2009). Avanços em plantas medicinais e aromáticas seleccionadas indígenas de África. *Investigação sobre plantas medicinais,* **3 (2):** 86-95.

Okigbo, R.N.; Eme, U.E. e Ogbogu, S. (2008). Biodiversidade e conservação de plantas medicinais e aromáticas em África. *Revisões de biotecnologia e biologia molecular,* **3 (6):** 127-134.

Robert, H. e John, B. (1983). *Traditional medicine and healthcare coverage (Medicina tradicional e cobertura dos cuidados de saúde).* OMS/ Genebra.

Sofowora, A. (1993). *Medicinal Plants and Traditional Medicines in Africa (Plantas Medicinais e Medicamentos*

Tradicionais em África). 2ª edição. Spectrum Books, Ibadan, Nigéria.

Tesfaye Seifu, Kaleab Asres e Tsige Gebremariam (2006). Estudos etnobotânicos e etnofarmacêuticos sobre plantas medicinais do distrito de Chifra, Região de Afar, Nordeste da Etiópia. *Ethiop. Pharm. J.,* **24:** 41-58.

Tilahun Teklehaymanot e Mirutse Giday (2007). Levantamento etnobotânico de plantas medicinais utilizadas pela população da Península de Zegie, Noroeste da Etiópia. *J.Ethnobiol. and Ethnomed.,* **3 (2).** ALIP, AAU, A.A., Etiópia.

Tyler, V.E. (1999). Pyhtomedicines: backto the future. *J. Nat. Prod.,* **62:** 15 89-1592.

OMS (2000). Traditional *medicine in the African region. An initial situation analysis* (1998-1999), Harare, Gabinete Regional da OMS para África.

OMS (2002). *Primeira estratégia global sobre medicina tradicional e alternativa,* OMS/38, Genebra

OMS (2003). *Traditional medicine-, http//: www.who traditional medicine.htm,* acedido em março de 2009.

OMS (2009). *Medicina tradicional* (Campana, A., ed.). O mandato de uma agência especializada da ONU. CH3 Parte III, OMS/Genebra.

Zemede Asfaw (2001). O Papel da Horta Caseira na Produção e Conservação de Plantas Medicinais. **In**: *Proceedings of the National workshop on Biodiversity Conservation and Sustainable use of medicinal plants in Ethiopia,* 28 April- 01 May 1998 (Medhin Zewdu and Abebe Demissie, eds.), IBCR, A.A, Ethiopia.

Apêndices

8.1 *Apêndice 1:* **Descrição completa das plantas medicinais utilizadas para o tratamento de doenças humanas e do gado (ferimentos);** Partes de plantas utilizadas, Método de preparações, Via de administrações, Dosagem, e Estratégia de gestão (Mngt) (**NB:** Bu= Terra de arbustos, HG=Horta caseira, FL= Terra de Fann, Fo= Área de floresta, GL= Terra de erva, Ro= Área rochosa, RW= Rio e terras húmidas, Her= Erva, Shr=Arbusto, Suc=suculenta e Tr=Árvore).

No̲	**Medicinal plant (s) documented**					**Human disease (injury) healing**	**Plant part (s) used**	**Method of preparation**	**Route of application**	**Dosage**
	Name			**Habit**	**Habitat & Mngt**					
	Local	**English**	**Scientific**							
1	-	Pyrethrum	*Chrysanthemum cinerariafolium* **(Asteraceae)**	Her	-HG *-Ex situ*	-Insect repellant	-Flower	- **Maceration**- dried, powdered, diluted with 5g/L water	-Spray	-
2	-	Visnaga	*Ami visnaga* **(Apiaceae)**	Her	-HG *-Ex situ*	-Kidney stone -Asthma -Other respiratory problems	-Seed	- **Maceration**- dried and pound in to powder, diluted in water (5g/l)	- Oral-drinking	- A cup of tea
3	-	Perdoc	*Arctium leppa* **(Asteraceae)**	Tr	-HG *-Ex situ*	-Skin inflammation -Small swelling on face	-Root -Leave	- **Decoction** **-Infusion/ hot tea**	- Dermal-apply on the skin	-
4	Artme sia	Artmesia	*Artemisia annua* **(Asteraceae)**	Her	-HG *-Ex situ*	-Malaria	-Leave	- **Infusion**- dried, powdered, diluted with hot water (5g/l)	- Oral-drinking	- A cup of tea
						Hemorrhoids, Dermatophyte, Eczema, Boil	-Leave	**-Infusion/ hot tea**	- Dermal-apply on it	-
						-AIDS	-Leaves	- **Infusion**- mixed with leaves of *Moringa,* pounded, steepen in hot water	- Oral-drinking	- A cup of tea

								(5g/l)		
5	-	Wormwood	*Artemisia absinthium* **(Asteraceae)**	Her	-HG - *Ex situ*	-Stomach pain -Worm & Inflammation	-Aerial parts	**-Infusion** **-Maceration**	- Oral- drinking or eating	-A cup of tea
6	Neem	Neem tree	*Azadirach indica* **(Meliaceae)**	Tr	-HG - *Ex situ*	-Skin disease -Eczema & Dermatophyte	-Leave -Seed oil	**-Infusion/hot tea**	- Dermal- apply on the skin	-
7	-	Marigold	*Calendula officinalis L.* **(Asteraceae)**	Her	-HG - *Ex situ*	-Skin disease -Melasma (hyperpigmentation)	-Flower (petal)	- **Infusion/hot tea**	-Dermal- apply on the skin	-
8	-	Milk Thistel	*Carduus marianus L.* **(Asteraceae)**	Her	-HG - *Ex situ*	-Liver damage	-Seeds	**-Roasting**	-Oral- eating	-
9	-	Gotu Kola	*Centella asiatica* **(Apiaceae)**	Her	-HG - *Ex situ*	-Leprosy -Nerve problem	-Arial parts	- **Concoction**	-Dermal- apply on the skin	-
10	Cham emela	German Chamomile	*Chamomlla recutit L.* **(Asteraceae)**	Her	-HG - *Ex situ*	-Constipation -Stomachache -Menstruation delay	-Flower	- **Infusion**- dried and boiled (tea)	- Oral- drinking	-A cup of tea
11	-	-	*Echniacela echnicea* **(Asteraceae)**	Her	-HG - *Ex situ*	-Typhoid -Immune problem	-Whole plant parts	**-Decoction**- washed and boiled (boiled tea)	-Oral - drinking	-A cup of tea
12	-	Lavander	*Lavandulla officinalis* **(Laminaceae)**	Her	-HG - *Ex situ*	-Depression -Digestion problem	-Flower	**-Powder form-** dried and pound	-Oral- eating	- A cup of tea

13	-	Lemon bale	*Lemon officinalis* **(Laminaceae)**	Her	-HG - *Ex situ*	-Herpes zoster -Anxiety/stress	-Leave	**-Ointment**- extract juice - **Infusion**/hot tea	-Dermal - apply on the skin -Oral- drinking	- A cup of tea
14	Nana	Pepermint	*Mentha x peperita* **(Lamiaceae)**	Her	-HG - *Ex situ*	-Cough -Digestion problem	-Arial parts	**-Decoction**	-Oral- drinking	-A cup of tea
15	-	Passion flower	*Passiflora incarnata* (**Passifloraceae)**	Her	-HG -*Ex situ*	-Sleeping problem -Depression -Asthma	-Leave -Root	- **Maceration** **-Decoction**	-Oral- drinking	-A cup of tea
16	-	Rosemary	*Rosmarinus officinalis* **(Lamiaceae)**	Shr	-HG -*Ex situ*	-Dermatophyte -Headache	-Leave	**-Ointment** **-Infusion**	-Dermal -Oral- drinking	-
17	-	Eldeer	*Sambucus nigra* (**Caprifloraceae)**	Her	-HG -*Ex situ*	-Cough	-Seed -fruit	**-Decoction**- dried boiled	-Oral- drinking	-A cup of tea
18	-	Campfrey	*Sympthyum officinale* (**Boraginaceae**)	Her	-HG -*Ex situ*	-Stomach burn -Internal bleeding	-Root -Leave	**-Decoction** **-Infusion**/hot tea	-Oral- drinking	-A cup of tea
19	-	Dandidion	*Taraxacum officinale* **(Asteraceae)**	Her	-Wild -*In situ*	-Kidney problems	-Whole plant parts	**-Ointment**- pounded and squeezed into juice	-Oral- drinking	-A cup of tea
20	-	Borage	*Borago officinalis* **(Boraginaceae)**	Her	-HG -*Ex situ*	-Depression	-Flower -Leave	**-Infusion**/hot tea	-Oral- eating, drinking	-A cup of tea
21	lomin at	Lominat	*Lemon verbena* **(Verbenaceae)**	Her	-HG -*Ex situ*	-Throat problem -Cough/cold	-Leave	**-Infusion**/hot tea	-Oral- drinking	-A cup of tea

22	Mekmeko	-	Rumex abyssinicus **(Polygonaceae)**	Her	-HG - GL - *In situ* -*Ex situ*	-Blood pressure	-Root	**-Decoction**/ boiled tea	-Oral-drinking	-3 spoonful per liter
23	Tult	-	*Rumex steudelii* **(Polygonaceae)**	Her	-HG - GL -FL - *In situ* -*Ex situ*	-Tonsillitis	-Root	**-Decoction**/ boiled tea (10g/l)	-Oral-drinking	- A cup of tea
						-Injuries (Wound)	-Leaves	**-Concoction**-pounded/smashed	-Dermal-apply on the wound	-
24	Ensilal	Fennel	*Foenuculum vulgare* **(Umbelliferae)**	Her	-HG -FL -*Ex situ*	-Kidney stone -Stomachache -Digestion problem	-Seeds	**-Decoction**-grounded, boiled	-Oral-drinking	-Tea spoon
						-Stomachache	-Leaves	**-Concoction**- mixed with *Ruta chalepensis, Allium sativum, Thymus serrulatus, Zingiber officinale,* and pounded	-Oral-drinking	-
						-Cold/Cough	-Leaves	**-Concoction**-pounded adding water	-Oral-, chewing	-
						-Hepatitis	-Leaves	**-Ointment**-pounded and squeezed	-Oral-drinking	-
25	-	-	*Plantago lanceolata* **(Plantaginaceae)**	Her	-HG -*Ex situ*	-Cough -Stomach pain	-Leave	**-Infusion**- dried and boil (hot tea)	- Oral-drinking	-
26	Siquar Kitel	Sugar plant	*Stevia rebaudiana* **(Asteraceae)**	Her	-HG -*Ex situ*	-Diabetes	-Leave	**-Concoction**- dried and pounded	-Oral-drinking	-½ teaspoonful/L

27	Enkok o	-	*Embelia schimperi* **(Myrsinaceae)**	Tr	-Fo -*In situ*	-Stomach complaints -Tape worm	-Fruit	- **Concoction-** pounded along with *Rhamnus prinoides* & *Hagenia abyssinica* -plus sugar/additive	-Oral-drinking	-3 cup of tea once before breakfast
28	Gesho	Dogwood	*Rhamnus prinoides* **(Rhamnaceae)**	Shr	-FL -HG -*Ex situ*	-Stomach complaints -Tape worm	-Seed	- **Concoction-** pounded along with *Embelia schimperi* & *Hagenia abyssinica* -plus sugar/additive	-Oral-drinking	-3 cup of tea once before breakfast
29	Koso	-	*Hagenia abyssinica* **(Rosaceae)**	Tr	-Fo -*In situ*	-Stomach complaints -Tape worm	-Fruit	- **Concoction-** pounded along with *Embelia schimperi* & *Rhamnus prinoides* -plus sugar/additive	-Oral-drinking	-3 cup of tea once before breakfast
						-Eczema	-Leave	-**Concoction**- lightly heat, pounded mixing with garlic -plus butter/additive	-Dermal-massage apply on would	-
30	Borisa (Kebercho)	Globe thistle	*Echinops kebercho Mesfin* **(Asteraceae)**	Shr	-Fo -*In situ*	-Livestock stomachache	-Root	-**Decoction**- boil with leave of aromatic *Eucalyptus sp.* and *Pentas lanceolata*	-Oral-drinking Feeding	- A can
						-Evil eye -Stomachache -Headache, fever -Back pain	-Root	- **Maceration or Decoction** -Dried and burned	-Chewing -Drinking -Nasal inhalation	-A cup of tea
31	Desha Dime	-	*Pentas lanceolata (Forssk.) Defiers* **(Rubiaceae)**	Her	-Fo -*In situ*	-Livestock stomachache	-Leave	- **Decoction-** Boil with leave of aromatic *Eucalyptus sp* and *Echinops kebercho*	-Oral-drinking Feeding	- A can

32	Ayda me	-	*Acmella caulirhiza Del* **(Asteraceae)**	Her	-Fo -*In situ*	-Throat pain -Tonsillitis	-Whole plant parts	**-Concoction-** pounded mixed with *Ranunculus oreophytus Del* and squeezed	-Oral-drinking	-
						-Skin worm expulsion	-Whole parts	**-Concoction-** Pounding	-Dermal-apply on wound	-
33	Hareg ressa	-	*Zehneria scabra* (L.f.) Sond. **(Cucurbitaceae)**	Her	-Fo -Bu -*In situ*	-Febrile/fever	-Arial part	**-Decoction-** boiling	-Nasal inhalation	-
34	Wonti Kama		*Tagetes minuta L.* **(Asteraceae)**	Her	-Fo -HG -FL	-Livestock stomach complaints	-Whole plant parts	**-Concoction-** pounded with leaves of *J. procera* adding water	-Oral-drinking	- A can
35	Tsolel a	-	*Ranunculus oreophytus Del.* **(Ranunculaceae)**	Her	-Fo -*In situ*	-Throat pain -Tonsillitis	-Whole plant parts	**- Concoction-** a cup of tea pounded mixed with *Acmella caulirhiza Del* and squeezed	-Oral-drinking	-A cup of tea
						-Eczema	-Leaves	**- Concoction-** mix and pound with leaves of *Tragia sp.* +butter	-Dermal-apply on the infected part	-
						-*Cutaneous leshmaniasis* and injuries	-Leaves	**-Concoction-** pounding	-Dermal-apply on the infected part	-
36	Tintel asho	-	*Euphorbia petitiana A.Rich* **(Euphorbiaceae)**	Her	-Fo -HG	-Kidney problems	-Tubers (Roots)	**- Concoction-** pounding along with water	-Oral-drinking	-A cup of tea - Before breakfa st
						-Penis skin wrinkling/crinkle	-Leaves	**-Ointment-** cut the leave and squeeze out the juice	- Dermal-apply	-

37	Tobac co	-	*Nicotiana tabacum* **(Solanaceae)**	Her	-HG -Fo	-Birth (delivery) delay	-Stem (Pitch)	**-Concoction-** smashing and squeezing	- Dermal- massage the abdomen	-½ spoonfu l
						-Livestock stomach pain	-Bark	**-Concoction-** pounding with *R.chalepensis* $+H_2O$	-Oral- drinking	-A can
38	Awt	-	*Solanum nigrum* **(Solanaceae)**	Her	-Fo -HG -FL	-'Evil eye'	-Leave	**-Maceration-** pounded water soaked, and added with milk	-Oral- drinking for seven consecutive days	-¼ spoonfu l
						-Stomachache	-Leave	**-Maceration**	-Oral- drinking	-½ spoonfu l
						-Injuries	-Leaves	**-Ointment-** pounding, squeezing	-Dermal- apply on the wound	-
39	Sensel	-	*Adhatoda schimperiana* (**Acanthaceae**)	Shr	-HG -Fo -Bu	-Cough (Cold)	-Leaves	**-Decoction**- boiling mixing with *E. globulus* and *Artemisia spp.*	-Nasal inhalation -Steam bath	-
						Hepatitis	-Root	**- Decoction/ Infusion**	-Oral- drinking	-A cup of tea
						-Wart	-Leaves	**-Concoction-** pounded with leaves of *Datura stramonium,* and add butter	-Dermal- apply on the wart	-
40	Nech Bahir zaf	Blue gum	*Eucalyptus globulus lobill.* (**Myrtaceae)**	Tr	-Fo -HG	-Cough (Cold -TB -Febrile	-Leaves -Fruits	**-Decoction**- boiled with *Adhatoda schimperiana* and *Artemisia*	-Nasal inhalation -Steam bath	-
41	Dama kasse	-	*Ocimum sauve Willd.*(**Labiatae**)	Shr	-HG -Bu	-Fever -Febrile	-Leaves	**-Ointment-** squeezed mixing with leaves of *Zehneria scabra*	-Nasal inhalation -Massage on skin	-Handful

						-Hepatitis	-Leaves	**-Ointment-** pounded and squeezed	-Nasal intake	-A cup of tea
42	Ras kimir		*Leonotis raineriana* **(Lamiaceae)**	Her	-HG -Bu	-Fever -Febrile	-Leaves	**-Ointment-** squeezed mixing with leaves of *Ocimum sauve*	-Nasal inhalation -Dermal- massage on skin	-Handful
						-Skin infection -Inflammation	-Arial parts	**-Ointment-** smash and squeeze juices	-Dermal- massage on skin	-
43	Agupe (Yefer enj Arti)	-	*Ocimum sp.* **(Labiatae)**	Her	-HG *-Ex situ*	-Stomachache	-Leaves	**-Concoction-** pounded mixed with *Ruta chalepensis, Allium sativum, Thymus serrulatus, Zingiber officinale* and *Foenuculum vulgare*	-Oral- drinking	-
						-Headache	-Arial parts	**-Decoction**	-Oral- drinking	-A cup of tea
44	Tselote (Tena Adam)	Herb of grace	*Ruta chalepensis L.* **(Rutaceae)**	Her	-HG *-Ex situ*	-Stomachache	-Arial parts	**- Concoction-** pounded mixed mixed with *Allium sativum, Thymus serrulatus, Zingiber officinale* and *Foenuculum vulgare* and pound	-Oral- drinking	-
45	Nech Shink urt	Garlic	*Allium sativum L.* **(Liliaceae)**	Her	-HG -FL *-Ex situ*	-Stomachache	-Stem/ Tuber	**- Concoction-** pounded mixed with *Thymus serrulatus, Zingiber officinale* and *Foenuculum vulgare*	-Oral- drinking	-

46	Tosign	-	*Thymus schrimperi* **(Labiatae)**	Her	-GL -HG -Ro	-Stomachache	-Leaves	- **Concoction**- pounded mixed with *Allium sativum, Zingiber officinale* and *Foenuculum vulgare*	-Oral- drinking	-
						-Blood pressure	-Arial parts	**-Decoction**- pounding and boiled	-Oral- drinking in the morning	-
47	Zinjbil	Ginger	*Zingiber officinale Rosc.* **(Zingiberaceae)**	Her	-GL -HG	-Stomachache	-Stem or rhizome	- **Concoction**- pounded mixed with *Ruta chalepensis, Allium sativum, Thymus serrulatus* and *Foenuculum vulgare*	Oral- drinking	-
48	Yejes eb Kitel (Atuc h)	-	*Verbena officinalis L.* **(Verbenaceae)**	Her	-FL -HG *-Ex situ*	-Stomachache	-Leaves	- **Concoction**- pounded mixed with *Ruta chalepensis, Allium sativum, Thymus serrulatus, Zingiber officinale* and *Foenuculum vulgare*	- Oral- drinking	-
						-Diarrhea	-Leaves	**-Infusion**- making as a tea	- Oral- drinking	-
						-Evil eye	-Leaves (juvenile)	**-Infusion**- hot tea	- Oral- drinking	-A cup of tea
49	Shuds huda	-	*Brucea antidysentrica J.F. Mill* **(Simaroubaceae)**	Her	-Bu	-Stomachache	-Root	**-Decoction**	-Oral- drinking	-

50	Yekeb toch Dinch	-	*Raphanus sativus L.* **(Brassicaceae)**	Her	-HG -*Ex situ*	-Livestock stomachache	-Seed	**-Maceration-** pounded and soaked in water over night	-Oral- feeding	-A Jog
51	Natira (Arti)	-	*Artemisia afra Jacq. Ex Willdv.* **(Asteraceae)**	Her	-HG -*Ex situ*	-Stomachache	-Flower -Arial parts	**-Infusion-** dried and pound, and added with coffee or tea	-Oral- drinking	-A cup of tea
						-Evil eye	-Arial parts	**-Infusion/ concoction**	-Oral- drinking	-A cup of tea
52	Atse Faris	Jimson weed	*Datura stramonium L* **(Solanaceae)**	Her	-FL -HG -GL	-Teeth pain -Wound	-Seed	**-Fumigation** -Pounded	-Nasal/oral inhalation -Dermal- tie on the wound	-
53	Emba cho	-	*Rumex nervosus Vahl.* **(Polygonaceae)**	Shr	-Bu -FL -Gl	-Stomachache	-Root	**-Decoction-** pounded and boiled	-Oral- drinking	- A cup of tea
						-Hepatitis	-Roots -Leaves	**-Decoction-** pounded and boiled **-Infusion-** making a hot tea	-Oral- drinking	A cup of tea
54	Yefer enji Suf	Sun flower	*Helianthus annuus* **(Asteraceae)**	Her	-HG -FL -*Ex situ*	-Stomach pain -Intestinal worms	-Seed	**-Concoction-** roasted and mixed with Garlic	-Oral- eating	-
55	Shans hato	-	*Lippia adoensis Ohcst.ex. Walp* **(Lamiaceae)**	Shr	-Fo -*In situ*	-Eye disease	-Leaves	**-Ointment-** smoothly smashed and squeezed	-Dermal- applying on it	-
56	Dendi sha (Wefa nkur)		*Commelina benghalensis L.* **(Commelinaceae)**	Her	-FL -GL -RW	-Dermatophyte	-Stem	**- Ointment-** squeezed into exudes/juice	-Dermal apply on the infected part	-
57	Endod	Endod	*Phytolacca dodecandra* **(Phytolacaceae)**	Shr	-Bu -HG	-Wart	-Seed	**-Concoction-** pounded, and add butter	-Dermal- apply on it	-

						-Hepatitis	-Leaves	**-Concoction-** pounded along with *C. macrostachyus*, and squeeze	-Oral- drinking	-A cup of tea
58	Qulqu al	-	*Euphorbia abyssinica Rousch.* **(Euphorbiaceae)**	Suc	-Bu -HG	-Wart	-Arial part	**-Ointment-** crushed and squeezed into exudes	-Dermal- apply on it	-Small droplets
59	Mayo/ Yewu sha Embu ay	- -	*Discopodium penninervium Hochst.* **(Solanaceae)**	Shr	-Fo *-In situ*	-Stomachache -Fever	-Root	**-Concoction-** pounding or smashed	-Oral- chewing	-
						-Nasal bleeding	-Leaves	**-Infusion-** making hot tea mixing with *K. petitiana*	-Oral- drinking	-A cup of tea
						-Hepatitis	-Roots -Leaves	**- Decoction** **-Infusion**	-Oral- drinking	-A cup of tea
60	Debo (Dinbi lal)	-	*Coriandrum sativum* **(Apiaceae)**	Her	-HG -FL *-Ex situ*	-Stomachache (severe)	-Arial parts	**-Infusion-** boiled mixing with coffee	-Oral- drinking	-A cup of tea
								-Concoction- pounding and squeezing	-Oral- drinking	-A cup of tea
						-Stomachache swelling -Appetitive	-Seed	**-Concoction-** dried pound adding little water	-Oral- eating	-
61	Turahi tes	-	*Momordica foetida Schumach & Thonn* **(Cucurbitaceae)**	Her	-Fo *-In situ*	-Leech expulsion (Live stock)	-Arial parts	**-Concoction-** pounded adding water	- Oral- feeding	-
62	Amoc hi	-	*Arisaema enneaphylum Hochst. A Rich* **(Araceae)**	Her	-FL -HG *-Ex situ*	-Chronic wounds -Injuries	-Root	**- Concoction-** crushed/pounded adding water	-Dermal- apply on the wound	-
						-Hepatitis	-Root	**-Decoction-** peeled, milled and boiled	- Oral- drinking	- a cup of tea
63	Gegeb sa	-	*Amaranthus caudatus L.* **(Amaranthaceae)**	Her	-HG -Bu	-Blood pressure -Iron deficiency	-Seeds	**-Concoction-** dried, pounded + water	- Oral- drinking	-

64	Lit	-	*Malva verticella* **(Malvaceae)**	Her	-FL *-Ex situ*	-Constipation	-Leaves	**-Concoction-** pounded along with Garlic	-Dermal- apply over the anus	-
65	Gizawa	-	*Withania somnifera (L.) Dunal Engl* **(Solanaceae)**	Shr	-FL -Bu -Fo	-'Evil eye'	-Root	**-Fumigation**: dried and burned	-Nasal/ oral inhalation	-
66	Kubabesan (Hulegeb)		*Salvia nilotica Jacq.* **(Lamiaceae)**	Her	-HG -FL *-Ex situ*	-'Evil eye	-Root	**-Concoction-** pounded along with *Withania somnifera* and *Ruta chalepensis*	-Tie on the arm	-
67	Borto (Korch)	-	*Erythrina abyssinica* **(Fabaceae)**	Shr	-Bu *-In situ*	-Nasal bleeding	-Leaves (Juvenile)	**-Ointment-** pounded and squeezed into juice	-Nasal intake	- A drop
68	Kesakist	-	*Fuerstia africana TCE. Fr.* **(Lamiaceae)**	Her	-Bu -GL	-'Evil eye'	-Leaves	**-Concoction-** pounded and squeezed, adding milk or local ale	-Oral- drinking	-A cup of tea
69	Bisna	-	*Croton macrostachyus Hochst.* **(Euphorbiaceae)**	Tr	-Bu -Fo -HG	-Dermatophyte -Wound	-Leaves (Juvenile)	**-Ointment-** squeezed and extract the exudes	-Dermal- applying on infected areas	-
						-Eczema	-Bark	**-Powder-** dried and pound	-Dermal- apply on the wound	-
70	Enat Qurt	-	*Ajuga integrifolia Buch. Ham.Ex.D.Don* **(Lamiaceae)**	Her	-GL -RW -FL	-to depriving breast feeding	-Arial part	**-Infusion-** grounded and boiled	-Oral- drinking	-
						-Malaria -Stomachache	-Arial parts	**-Infusion**/ hot tea	-Oral- drinking	-
71	Sama	-	*Tragia sp.* **(Euphorbiaceae)**	Her	-RW -Bu	-Eczema	-Leaves	**-Concoction-** pounded with *Acmella caulirhiza*	-Dermal- apply on the infected part	-
72	Feto	Pepper grass	*Lepidium sativum L.* **(Cruciferae)**	Her	-HG -FL *-Ex situ*	-Headache -Stomachache	-Seed	-Simply dried	-Oral- chewing, eating	-

73	Gera (Grawa)	-	*Veronia amygdalina* **(Asteraceae)**	Tr	-Fo -Bu -*In situ*	-Malaria	-Leaves	**-Ointment-** pounded and squeezed into juice	-Oral- drinking before breakfast	-
						-Giardia -Ascaries	-Root	**-Decoction-** boiled along with roots of *Rumex nervosus*	-Oral- drinking	-A cup of tea
74	Etse Debre Libanos	-	*Plantago palmate Hookl* **(Plantaginaceae)**	Her	-Fo -Bu -*In situ*	-Swelling	-Root	**-Concoction-** chopped and pounded	-Dermal- masking on the swelling	-
75	Chikugn	-	*Artemisia abyssinica* sch. *Bip.ex.Rich* **(Asteraceae)**	Her	-HG -GL -*Ex situ*	-Febrile -'Evil eye'	-Leave	**-Ointment-** pounded and squeezed into juice	-Oral- drinking	-
76	Duba	-	*Cucurbite maxima* **(Cucurbitaceae)**	Her	-HG -FL -*Ex situ*	-Helminthes or intestinal worms	-Seed	**-Roasting-** dried and roasted	-Oral- eating	-
77	Habesha Gomen	Abyssinian cabbage	*Brassica carinata A.Braun* **(Cruciferae)**	Her	-HG -FL -*Ex situ*	-Diarrhea -Stomach pain	-Seed	**-Concoction-** roasted, pounded and adding water	-Oral- drinking	-A cup of tea
78	Tikur Azmud	Black cumin	*Nigella sativa L.* **(Ranunculaceae)**	Her	-HG -FL -*Ex situ*	-Stomachache -Headache	-Seed	**-Concoction-** pounded and diluted with water -Smashing	-Oral- drinking -Nasal- smelling	-
79	Tej Sar	Lemon Grass	*Cymbopogon citratus* **(Poaceae)**	Her	-FL -HG -*Ex situ*	-Headache - Fever - common cold	-Arial parts	**-Infusion/** hot tea	-Oral- drinking	A cup of tea
						-Stomachache -Diarrhea	-Leaves	**-Ointment-** pounded and squeezed into juice	-Oral- drinking	-
80	Olema	-	*Pyncostachys abbysainic Freasen* **(Lamiaceae)**	Shr	-HG -Fence -*Ex situ*	-Eye disease	-Leaves	-Smoothly smashed with hands	-Dermal- massage on it	-

						-Fever -Tonsillitis -Headache -Muscle contraction	-Leaves (juvenile)	**-Concoction-** soaked into water mixed with *A. caulihriza Del*, C. macrostachyus, *V. amygdalina* and *E. globulus*	-Oral- drinking	-A cup of tea
81	Korche (yefere nj digta)		*Senna sp* **(Fabaceae)**	Shr	-Fo -Fence	-Eczema	-Leaves	**-Powder**- dried and pounded	-Dermal- apply on the wound	-
82	Pitso	-	*Myrsine africana L.* **(Myrsinaceae)**	Shr	-Fo *-In situ*	-Giardia	-Leaves	**-Ointment-** pounded and squeezed into juice	-Oral- drinking	-A cup of tea
83	Susa	-	*Bothriocline schimperi Oliv. Hiern* **(Asteraceae)**	Shr	-Bu *-In situ*	-Diarrhea -Vomiting	-Leaves	**-Ointment-** pounded and squeezed into juice	-Oral- drinking for 3 days	-A cup of tea
84	Gingi na	-	*Plumbago zeylanica L.* **(Pumbaginaceae)**	Shr	-FL -Fo	-Diarrhea	-Leaves	**-Infusion**/hot tea	-Oral- drinking	-A cup of tea
85	Shikok o	-	*Peperomia abyssinica Miq* **(Piperaceae)**	Her	-FL *-Ex situ*	-Tonsillitis	-Arial parts	**-Infusion**/hot tea	-Oral- drinking	-A cup o tea
86	Mudm uda		*Kolanchoe petitiana* **(Crassulaceae)**	Her	-Bu -HG	-Back pain	-Root	**-Decoction**	-Oral- drinking for 3 days	-A cup o tea
87	Gaso	-	*Agarista salicifolia (Comm.ex.Lam.) Don* **(Ericaceae)**	Tr	-Fo *-In situ*	-Ascaries -Stomach pain -Intestinal worms	-Leaves	**-Infusion-** boiled along with C. *macrostachyus*	-Oral- drinking	-A cup of tea
						-Skin diseases -Eczema	-Leave	**-Concoction-** pounded and added with butter	-Dermal- massage on wound	-

88	Gench Gencha	-	*Adenostemma perrottetii PC* **(Asteraceae)**	Her	-Bu -FL	- Discomfort in child -Pain	-Leaves (juvenile)	**-Infusion**/hot tea	-Oral-drinking	- A droplet
89	Qirka-	-	*Hypericum peplidifolim A.Rich* **(Guttifera)**	Her	-RW -HG	-Stomachache of children	-Leaves (juvenile	**-Ointment-** pounded and squeezed- along with *A. afra* and *R. chalepensis*	-Oral-drinking	-Tea spoonful - A cup of tea

8.2 *Apêndice* 2: Distribuição dos taxa de plantas medicinais documentadas para o tratamento de doenças humanas e do gado

Species	Family		Species	Family		Species	Family
Chrysanthemum cinerariafolium	**Asteraceae**		*Embelia schimperi*	**Myrsinaceae**		*Rumex nervosus Vahl.*	**Polygonaceae**
Ami visnaga	**Apiaceae**		*Rhamnus prinoides*	**Rhamnaceae**		*Helianthus annuus*	**Asteraceae**
Arctium leppa	**Asteraceae**		*Hagenia abyssinica*	**Rosaceae**		*Lippia adoensis Ohcst.ex. Walp*	**Lamiaceae**
Artemisia annua	**Asteraceae**		*Echinops kebercho Mesfin*	**Asteraceae**		*Commelina benghalensis L.*	**Commelinaceae**
Artemisia absinthium	**Asteraceae**		*Pentas lanceolata (Forssk.) Defiers*	**Rubiaceae**		*Phytolacca dodecandra*	**Phytolacaceae**
Azadirach indica	**Meliaceae**		*Acmella caulirhiza Del*	**Asteraceae**		*Euphorbia abyssinica Rousch.*	**Euphorbiaceae**
Calendula officinalis L.	**Asteraceae**		*Zehneria scabra* (L.f.) Sond.	**Cucurbitaceae**		*Discopodium penninervium Hochst.*	**Solanaceae**
Carduus marianus L.	**Asteraceae**		*Tagetes minuta L.*	**Asteraceae**		*Coriandrum sativum*	**Apiaceae**
Centella asiatica	**Apiaceae**		*Ranunculus oreophytus Del.*	**Ranunculaceae**		*Momordica foetida Schumach & Thonn*	**Cucurbitaceae**
Chamomlla recutit L.	**Asteraceae**		*Euphorbia petitiana A.Rich*	**Euphorbiaceae**		*Arisaema enneaphylum Hochst. A Rich*	**Araceae**
Echniacela echnicea	**Asteraceae**		*Nicotiana tabacum*	**Solanaceae**		*Amaranthus caudatus L.*	**Amaranthaceae**
Lavandulla officinalis	**Laminaceae**		*Solanum nigrum.*	**Solanaceae**		*Malva verticella*	**Malvaceae**
Lemon officinalis	**Laminaceae**		*Adhatoda schimperiana*	**Acanthaceae**		*Withania somnifera (L.) Dunal Engl*	**Solanaceae**
Mentha x peperita	**Lamiaceae**		*Eucalyptus globulus lobill.*	**Myrtaceae**		*Salvia nilotica Jacq.*	**Lamiaceae**
Passiflora incarnata	**Passifloraceae**		*Ocimum sauve Willd.*	**Labiatae**		*Erythrina abyssinica*	**Fabaceae**
Rosmarinus officinalis	**Lamiaceae**		*Leonotis raineriana*	**Lamiaceae**		*Fuerstia africana TCE. Fr.*	**Lamiaceae**
Sambucus nigra	**Caprifloraceae**		*Ocimum sp.*	**Labiatae**		*Croton macrostachyus Hochst.*	**Euphorbiaceae**
Sympthyum officinale	**Boraginaceae**		*Ruta chalepensis L.*	**Rutaceae**		*Ajuga integrifolia Buch. Ham.Ex.D.Don*	**Lamiaceae**
Taraxacum officinale	**Asteraceae**		*Allium sativum L.*	**Liliaceae**		*Tragia sp.*	**Euphorbiaceae**

Borago officinalis	**Boraginaceae**	*Thymus schrimperi*	**Labiatae**	*Lepidium sativum L.*	**Cruciferae**
Lemon verbena	**Verbenaceae**	*Zingiber officinale Rosc.*	**Zingiberaceae**	*Veronia amygdalina*	**Asteraceae**
Rumex abyssinicus	**Polygonaceae**	*Verbena officinalis L.*	**Verbenaceae**	*Plantago palmate Hookl*	**Plantaginaceae**
Rumex steudelii	**Polygonaceae**	*Brucea antidysentrica J.F. Mill*	**Simaroubaceae**	*Artemisia abyssinica* sch. *Bip.ex.Rich*	**Asteraceae**
Foenuculum vulgare	**Umbelliferae**	*Raphanus sativus L.*	**Brassicaceae**	*Cucurbite maxima*	**Cucurbitaceae**
Plantago lanceolata	**Plantaginaceae**	*Artemisia afra Jacq. Ex Willdv.*	**Asteraceae**	*Brassica carinata A.Braun*	**Cruciferae**
Stevia rebaudiana	**Asteraceae**	*Datura stramonium L*	**Solanaceae**	*Nigella sativa L.*	**Ranunculaceae**
Cymbopogon citratus	**Poaceae**	*Bothriocline schimperi Oliv. Hiern*	**Asteraceae**	*Agarista salicifolia (Comm.ex.Lam.) Don*	**Ericaceae**
Pyncostachys abbysainic Freasen	**Lamiaceae**	*Plumbago zeylanica L.*	**Pumbaginaceae**	*Adenostemma perrottetii PC*	**Asteraceae**
Senna sp	**Fabaceae**	*Peperomia abyssinica Miq*	**Piperaceae**	*Hypericum peplidifolim A.Rich*	**Guttifera**
Myrsine africana L.	**Myrsinaceae**	*Kolanchoe petitiana*	**Crassulaceae**		

8.3*Apêndice 3:* **Imagens das principais plantas medicinais registadas no distrito**

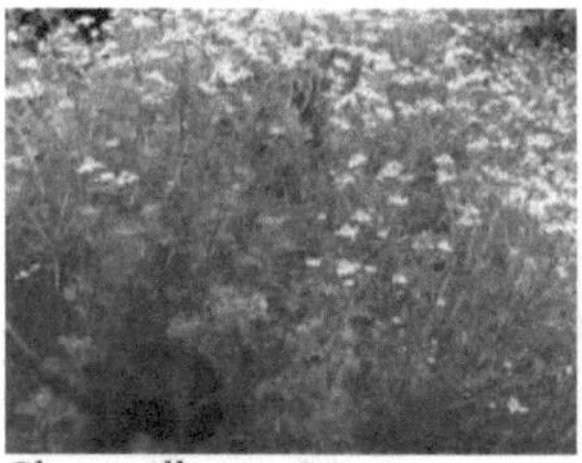

Chamomlla recutit

Lemon officinalis

Echinops kebercho

Artemisia absinthium

Artemisia annua

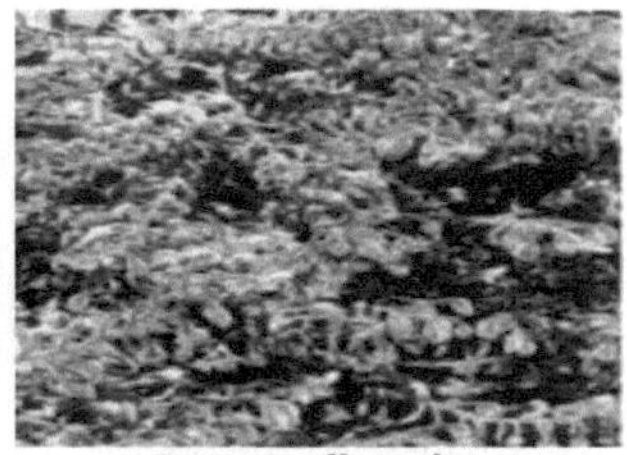

Borago officinalis

Calendula officinalis

Sympthyum officinale

Cymbopogon citratus

Eucalyptus globulus *Foenuculum vulgare* *Lemon verbena*

Carduus marianus *Passiflora incarnata* *Mentha x peperita*

Plantago Lanceolata *Chrysanthemum cinerariafolium* *Rosmarinus officinalis*

Rumex abyssinicus *Rumex steudelii* *Stevia rebaudiana*

Echniacela echnicea *Raphanus sativus* *Embelia schimperi*

More Books!

yes

I want morebooks!

Buy your books fast and straightforward online - at one of world's fastest growing online book stores! Environmentally sound due to Print-on-Demand technologies.

Buy your books online at
www.morebooks.shop

Compre os seus livros mais rápido e diretamente na internet, em uma das livrarias on-line com o maior crescimento no mundo! Produção que protege o meio ambiente através das tecnologias de impressão sob demanda.

Compre os seus livros on-line em
www.morebooks.shop

info@omniscriptum.com
www.omniscriptum.com

OMNIScriptum

MIX
Papier aus verantwortungsvollen Quellen
Paper from responsible sources
FSC® C105338

Printed by Books on Demand GmbH, Norderstedt / Germany